Sitzungsberichte der Heidelberger Akademie der Wissenschaften

Stiftung Heinrich Lanz

Mathematisch-naturwissenschaftliche Klasse

*) *Jahrgang 1921 erschien im Verlage von Carl Winters Universitätsbuchhandlung in Heidelberg.*

Im Verlag von Walter de Gruyter & Co. vormals G. J. Göschen'sche Verlagshandlung — J. Guttentag, Verlagsbuchhandlung — Georg Reimer — Karl J. Trübner — Veit & Comp., Berlin, erschienen

Abteilung A. Mathematisch-physikalische Wissenschaften.

Jahrg. 1922: 3 Hefte. — Jahrg. 1923: 5 Hefte. — Jahrg. 1924: 11 Hefte.

Abteilung B. Biologische Wissenschaften.

Jahrgang 1923: 1 Heft.

Von Jahrgang 1925 ab findet die Trennung in Abteilung A und B nicht mehr statt.

Jahrgang 1925.

1. Heffter, Lothar. Zur absoluten Geometrie II. Reichsmark 0.50
2. Roeser, Ernst. Die komplementären Figuren der nichteuklidischen Ebene. Reichsmark 0.50
3. Fladt, Kuno. Neuer Beweis f. d. Zuordnung von rechtwinkligem Dreieck und Spitzeck in der hyperbolischen Elementargeometrie. Reichsmark 0.30
4. Salomon, Wilhelm. Beobachtungen über Harnische. Reichsmark 0.70
5. Loewy, A. Beiträge zur Algebra. 1—4. Reichsmark 1.—
6. Hellpach, Willy. 2. Mitteilung zur Physiognomik der deutschen Volksstämme. Reichsmark 0.30
7. Loewy, Alfred. Neue elementare Begründung u. Erweiterung der Galoisschen Theorie. Reichsmark 2.—
8. Curtius, Theodor, u. Bertho, Alfred. Einwirkung von Stickstoffkohlenoxyd und von Stickstoffwasserstoffsäure unter Druck auf aromatische Kohlenwasserstoffe. Reichsmark 0.40
9. Roeser, Ernst. Die gnomonische Projektion in der hyperbolischen Geometrie. Reichsmark 0.70
10. Rasch, G. Über die Ausnützung der Gezeiten des Meeres zur Energiegewinnung. Reichsmark 0.80
11. Salomon, Wilhelm. Magmatische Hebungen. Reichsmark 1.20
12. Pütter, A. Altersbestimmungen an Drachenbäumen von Tenerife. Reichsmark 0.90
13. Volk, Otto. Über geodätische rhombische Kurvennetze auf krummen Flächen, insbesondere auf Flächen konstanter Krümmung. Reichsmark 1.10
14. Roeser, Ernst. Die Fundamentalkonstruktion der hyperbolischen Geometrie. Reichsmark 1.40
15. Rüger, L., u. Rüger-Haas, P. Palaeosemaeostoma geryonides v. Huene sp., eine sessile Meduse aus dem Dogger von Wehingen i. W., und Medusina liasica nov. sp., eine coronatenähnliche Meduse aus dem mittleren Lias von Hechingen i. Württemberg. Reichsmark 1.50

Jahrgang 1926.

1. Krull, Wolfgang. Theorie und Anwendung der verallgemeinerten Abelschen Gruppen. Reichsmark 1.70
2. Klebs, Georg. Über periodisch wachsende tropische Baumarten. Reichsmark 1.20
3. Müller, Max. Über die Oberfläche von Flächenstücken. Reichsmark 1.20
4. Ernst, Max. Über Anlagen von Organen, die nicht zur Ausbildung gelangen. Reichsmark 0.50
5. Ernst, Emil. Die optischen Eigenschaften des Andesins von Bodenmais. Reichsmark 1.10

(Fortsetzung siehe 3. Umschlagseite)

*) Bestellungen auf solche Veröffentlichungen der math.-naturw. Klasse, welche früher im Verlag von Carl Winters Universitätsbuchhandlung in Heidelberg erschienen sind, nimmt auch der Verlag Walter de Gruyter & Co., Berlin, entgegen.

Sitzungsberichte
der Heidelberger Akademie der Wissenschaften
Mathematisch-naturwissenschaftliche Klasse
Jahrgang 1930. 4. Abhandlung.

Flußgeschichtliche und geomorphologische Untersuchungen über die Feldaistsenke im oberösterreichischen Mühlviertel und die angrenzenden Teile Südböhmens

Von

Hans Kinzl (Heidelberg)

Mit 2 Tafeln und 3 Abbildungen im Text

Vorgelegt in der Sitzung vom 28. Februar 1930 durch
Herrn **Salomon-Calvi**

Berlin und Leipzig 1930

Walter de Gruyter & Co.

vormals G. J. Göschen'sche Verlagshandlung / J. Guttentag, Verlagsbuchhandlung / Georg Reimer / Karl J. Trübner / Veit & Comp.

Inhaltsverzeichnis.

Einleitung.

Die geographische und vor allem die geomorphologische Untersuchung des oberösterreichischen Mühlviertels ist noch sehr im Rückstand. Allzusehr lenkten die nahen Alpen mit ihrer ungeheuren Fülle fesselnder Fragen den Blick auf sich und zogen die wissenschaftlichen Arbeitskräfte von dem anscheinend eintönigen und uninteressanten Granithochland nördlich der Donau ab. Und doch harren hier der wissenschaftlichen Aufgaben gerade genug der Lösung. Nur liegen sie vielleicht in dem wald- und schluchtenreichen und daher oft unübersichtlichen Gelände weniger offen zutage und belohnen die aufgewandte Mühe mit bescheideneren Ergebnissen, wie ja auch die gewiß nicht geringen landschaftlichen Reize des Mühlviertels sich nicht jedem sofort erschließen.

Die folgenden Ausführungen sind die Frucht zahlreicher Wanderungen, die den Verfasser im Anschluß an noch unveröffentlichte Untersuchungen im oberösterreichischen Donautal während der letzten Jahre zu wiederholten Malen in das Mühlviertel und nach Südböhmen geführt haben. Sie befassen sich nur mit der Feldaistsenke und den angrenzenden Teilen Südböhmens, ohne aber auch hier alle morphologischen Probleme aufrollen zu wollen.

Das Untersuchungsgebiet ist in der Hauptsache auf den Blättern Steyregg 4653, Freistadt 4553 und Budweis 4453 der österreichischen Spezialkarte 1 : 75000 dargestellt. Ihnen sind auch die meisten Ortsbezeichnungen entnommen. Die für das böhmische Gebiet neu ausgegebenen Blätter dieses Kartenwerkes weisen jetzt durchaus tschechische Bezeichnungen und Schreibweise auf. Für das ganze Gelände konnte auch die Originalaufnahme 1 : 25000 herangezogen werden, auf die sich, soweit die Spezialkarte dafür nicht ausreichte, auch verschiedene Ortsangaben beziehen.

Begehungen in einem Gebiete, das von einer Staatsgrenze mitten durchschnitten wird, verlangen in deren Nähe natürlich eine gewisse Zurückhaltung. Vor allem kann man hier nicht so frei durch das Gelände streifen, wie das sonst im Frühling oder Spätherbst, den Zeiten meiner Wanderungen, möglich ist, wo man durch die Kulturen nicht behindert ist. Ich habe aber im übrigen nie irgendeine Schwierigkeit bei meinen Aufenthalten in der Nähe der Grenze oder bei den zahlreichen Grenzübertritten gehabt.

Die Granithochfläche des Mühlviertels wird im Meridian von Freistadt von einem Streifen niedrigeren Landes durchzogen, der nach seinem größten Fluß meist als Feldaistsenke bezeichnet wird. Die Feldaist hat freilich diese Furche nicht selbst geschaffen. Sie ist vielmehr, wie noch zu zeigen sein wird, eine tektonisch angelegte Senke, die gegen die Donau zu in eine Becken- und Schollenlandschaft übergeht. Nach Norden zu mündet sie in eine ausgedehnte Hochfläche aus, die als breites Tor zwischen den Ausläufern des Böhmerwaldes im W (Sternstein, 1125 m) und dem ebenfalls über 1000 m ansteigenden Granithochlande des nordöstlichen Mühlviertels nach Südböhmen hinübergeleitet. Sie möge als südböhmische Pforte bezeichnet werden. Diese bereitet dem Verkehr, nachdem er die Schluchten und Steilabfälle des Massivrandes überwunden hat, keinerlei Schwierigkeiten mehr. Freilich finden die Verkehrswege nur am Ostrand der südböhmischen Pforte eine bequeme Fortsetzung in das Innere von Böhmen. Hier führt die alte Salzstraße über Freistadt und den Kerschbaumer Sattel nach Budweis. Die Eisenbahn benutzt hingegen die flache Talwasserscheide bei Summerau; sie muß aber weiter nördlich abermals einen Sattel übersteigen, um aus dem Flußgebiet der Moldau in das der Maltsch zu gelangen, wo sie den leichtesten Zugang zum Budweiser Becken findet.

Die Höhe der Summerauer Wasserscheide wird meist mit 685 m angegeben, eine Zahl, die sich aber auf einen Punkt etwas über der Wasserscheide bezieht. Diese selbst dürfte ihre größte Höhe mit P. 672 der O.A. besitzen. Fälschlich findet man übrigens auch diesen Eisenbahnübergang des öfteren als Kerschbaumer Sattel bezeichnet.

Die Fortsetzung und in gewissem Sinne das Gegenstück der Feldaistsenke ist in Südböhmen die etwa 600 m hoch gelegene Maltschfurche. Diese führt als breiter Streifen ziemlich ebenen Landes von der südböhmischen Pforte nach N zum geräumigen südböhmischen Becken.

So zieht also eine zusammenhängende Furche von der Donau bis in das Herz von Südböhmen, beiderseits von höherem Bergland eingeschlossen und in der Hauptsache von Feldaist und Maltsch durchflossen. Der Moldaulauf liegt außerhalb dieser Furche und geht erst in der Nähe des Budweiser Beckens in sie über.

A. Die Schotter der Feldaistsenke und die jungtertiäre Entwässerung Südwestböhmens zur Donau.

Mühlviertel und Südböhmen sind reich an fluß- und talgeschichtlichen Fragen. Unter ihnen hat der merkwürdige Lauf der Moldau schon seit langem die Aufmerksamkeit auf sich gelenkt. Fast ohne Gefälle durchfließt sie in ihrem Oberlaufe in Südostrichtung eine breite, sumpfige Niederung. Bei Friedberg tritt sie in ein enges Durchbruchstal ein, das sie mit größerem Gefälle durchmißt. Östlich von Hohenfurth wendet sie sich mit einem rechtwinkeligen Knick aus der alten Laufrichtung gegen N.

Auf mannigfaltige Weise hat man diese eigentümlichen Laufverhältnisse zu erklären versucht.

L. Puffer (Der Böhmerwald und sein Verhältnis zur innerböhmischen Rumpffläche. Geogr. Jahresbericht aus Österreich, 8. Jg. 1910. S. 166) faßt den Oberlauf der Moldau bis Unterwuldau als einen ehemaligen Oberlauf der Mühl auf, der durch die Senke Unterwuldau-Aigen nach S geflossen wäre. Später wäre dieser durch einen Nebenbach des S-N gerichteten Laufes der Moldau angezapft worden.

Auch R. Sokol (Bemerkungen zu geomorphologischen Methoden. Sitz.-Ber. der Böhmischen Gesellschaft der Wissenschaften, math.-nat. Kl., 1916, S. 4; Morphologie des Böhmerwaldes. Pet. Mitt. 1916, S. 445) neigt zur Ansicht, daß die Entwässerung Südböhmens im Tertiär zunächst gegen S erfolgt und erst durch eine spätere Hebung und durch Erniedrigung der Erosionsbasis im N dorthin abgelenkt worden wäre. Er nimmt an, die Moldau wäre aus der Gegend von Hohenfurth gegen das Rodltal geflossen.

O. Lehmann (Zur Beurteilung der Ansichten Puffers über die Böhmerwaldformen. Mitt. der Geogr. Ges. Wien, 1917, S. 420) hält es nicht für erwiesen, daß die Moldau jemals zur Donau geflossen wäre. Die Pässe nach Aigen bei Waldhäusl und bei Weigelschlag (richtig Weigetschlag) trügen keine Schotter.

Auf Grund einer unveröffentlichten Untersuchung von J. KUBITSCHEK scheint auch FR. MACHATSCHEK für das jüngste Tertiär die Konstanz der Abflußrichtung gegen N im Moldaugebiet erwiesen (Neue geographische Forschungen in den Sudetenländern. Geogr. Zeitschr. 1926, S. 79). Vor der Vereinigung des Oberlaufes mit dem S-N-Lauf der Moldau durch eine Anzapfung wird eine Entwässerung des oberen Moldautales aus dem Becken von Wallern nach N zur Flanitz angenommen (Landeskunde der Sudeten- und Westkarpathenländer, 1927, 1. Bd., S. 240).

E. DE MARTONNE (Deux Massifs hercyniens. Le Boehmerwald et la Lysa Gora. Annales de Géographie, 1926, S. 34) läßt es offen, ob das obere Moldautal früher aus dem Becken von Wallern unmittelbar gegen N oder im Gegenteil über den Sattel von Ludwigsreut am Westabfall des Dreisesselberges gegen die Donau zu entwässert wurde. Jedenfalls hält er eine Anzapfung des oberen Moldautales durch den meridional gerichteten Moldaulauf für erwiesen.

Bei dieser Verschiedenheit der Meinungen über die alten Abflußverhältnisse Südböhmens ließ sich eine wesentliche Förderung des Problems nur durch eine eingehende Untersuchung im Gelände erwarten. Schon seit der Mitte des vorigen Jahrhunderts sind nun tertiäre Ablagerungen aus der Umgebung von Freistadt und Kefermarkt bekannt. Sie werden bereits im Reisebericht von K. PETERS aus dem Jahre 1852 (Jahrbuch der Geol. Reichsanstalt, Wien, 1852, IV, S. 76) in einem kurzen Hinweis erwähnt. In einer kurzen Bemerkung sprechen von ihnen wieder R. SCHARITZER (Mineralogische Beobachtungen. Jahrbuch der Geol. Reichsanstalt, 1880, S. 593) und H. REININGER (Jahrbuch der Geol. Reichsanstalt, 1908, S. 503). Dieser berichtet von unbedeutenden Tertiärbildungen in Verbindung mit groben Schotterlagen aus der buchtartigen Ausweitung südlich von Freistadt und behauptet dabei, daß Schotter hier überhaupt längs der Bäche eine weite Verbreitung aufwiesen.

An diese Schotter des Freistädter Beckens knüpfte ich bei meinen eigenen Untersuchungen an. Dabei zeigte sich bald, daß ihre Ausdehnung in der Feldaistsenke wesentlich größer war, als man bisher angenommen hatte; umgekehrt ließen sich außerhalb der Feldaistsenke an den Mühlviertler Flüssen nirgends ähnliche Schotter nachweisen. Die Ablagerungen der Feldaistsenke stehen im Mühlviertel vereinzelt da und verlangen deshalb auch nach einer besonderen Erklärung.

Bevor ihre Verbreitung im einzelnen behandelt werden soll,

angefangen vom Moldauknie in Südböhmen bis in die Nähe der Donau, mögen noch einige methodische Vorbemerkungen Platz finden.

Größere Aufschlüsse standen für die Untersuchung der Schotterverbreitung nur von Freistadt an südwärts zur Verfügung. Nördlich davon sind die Ablagerungen nur an der Oberfläche selbst feststellbar. An den anzuführenden Stellen treten sie freilich in solcher Menge auf den Äckern auf, daß an dem Vorhandensein eines ganzen Kieslagers kein Zweifel mehr bestehen konnte. Auch auf dem Waldboden kommen die Gerölle namentlich dort zum Vorschein, wo Wurzelstöcke ausgegraben werden.

Grundsätzlich wurden vereinzelte Streuschotter, auch wenn es noch so schöne Gerölle waren, unberücksichtigt gelassen. Die Möglichkeit einer künstlichen Verschleppung ist ja bei diesen nie ganz ausgeschlossen, namentlich auf den Äckern, in die mit dem Dünger auch allerlei Kulturschutt hineinkommt. Erst kürzlich mahnte G. Wagner (Junge Krustenbewegungen im Landschaftsbilde Süddeutschlands, Öhringen 1929, S. 260) auf Grund seiner Erfahrungen in dieser Hinsicht zu größter Vorsicht. Ich kann seine Ausführungen nur unterstreichen.

Die Gefahr einer Täuschung durch Kulturschotter ist selbst in einem verhältnismäßig so dünn besiedelten und verkehrsarmen Gebiet wie im oberösterreichischen Mühlviertel schon sehr groß, namentlich entlang der Eisenbahn.

In zahlreichen Waggonladungen wurden im Laufe der vergangenen Jahre Donauschotter bis an die böhmische Grenze, ja bis Südböhmen verfrachtet und zur Erhaltung des Bahnoberbaus und der Straßen verwendet. Selbst kleine Feld- und Waldwege sind in der Nähe der Bahn oft mit Donauschottern bedeckt. Man ist merkwürdig berührt, im Gebiet der Wasserscheide nördlich von Summerau mitten im Walde auf einmal Granatamphibolite, rote Hallstätter Kalke und andere Alpengesteine anzutreffen. Freilich lassen die dem Schotter beigemengten Kohlen- und Schlackenstücke über seine Herkunft vom Bahnkörper keinen Zweifel. Auch entlang der elektrischen Bahn von Zartlesdorf nach Hohenfurth traf ich besonders um Seiften Alpenkalke an.

Nicht immer sind die verschleppten Schotter gleich als solche zu erkennen. Um so größere Vorsicht ist bei vereinzelten Streuschottern am Platze.

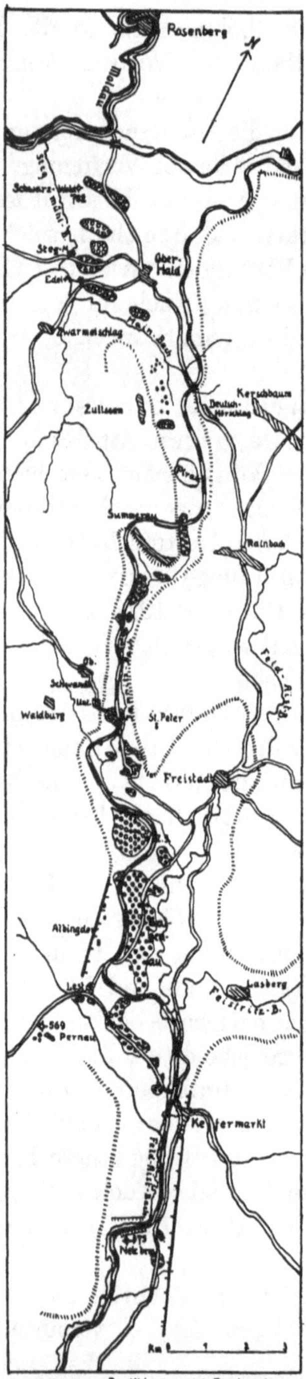

Abb. 1. Kärtchen der jungtertiären Ablagerungen in der Feldaistsenke vom Moldauknie südlich von Rosenberg bis zum Südausgang des Kefermarkter Beckens. — Südliche Fortsetzung mit den Schotterlagern auf den Höhen nördlich von Schwertberg und Mauthausen siehe Tafel I.

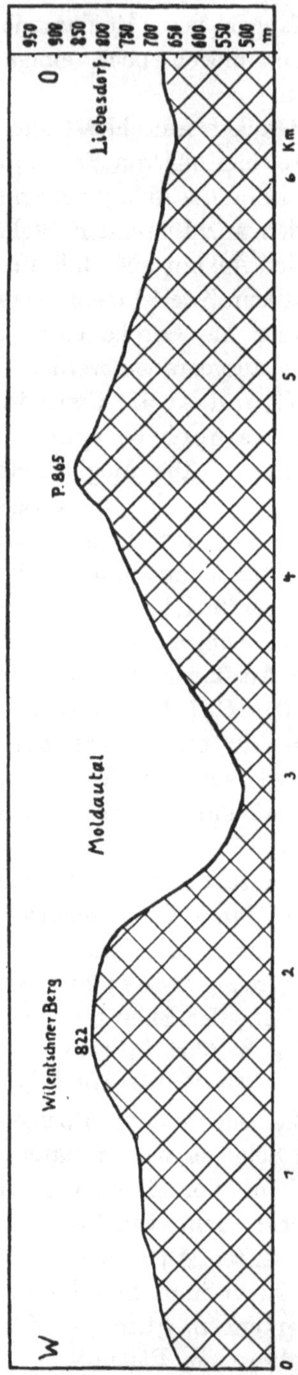

Querschnitt durch das Moldautal nördlich von Rosenberg. 2½ fach überhöht.

Abb. 2. (Orographisches Profil, zu Kap. B/4.)

1. Die Verbreitung der jungen Ablagerungen.

a) Umgebung von Oberhaid.

Das Nordende des geschlossenen Verbreitungsgebietes der Schotter liegt in der Gegend von Oberhaid. In Form eines über ½ km breiten Streifens ziehen sie hier vom Sattel beim Schwarzwald, den die Straße nach Rosenberg überschreitet, den Stegmühlbach entlang südwärts bis gegen die Edelmühle, von hier dann ostwärts bis auf das Hainbacher Feld.

In der unmittelbaren Umgebung von Oberhaid fehlen sie, ebenso im Gelände westlich des Stegmühlbaches. So ist auch die breite Fläche von Zwarmetschlag und das östlich anschließende Stierfeld schotterfrei. Am Schwarzwaldsattel und auf dem Hainbacher Feld liegen die Schotter in etwas über 650 m Höhe.

Der zusammenhängende Schotterstreifen östlich des Stegmühlbaches wirkt sich auch im Ackerboden stark aus. In trockenen Jahren verdorren hier die Feldfrüchte. Bezeichnenderweise trägt dieser Geländestreifen den Flurnamen „Steinbuß". Meist sind die Schotterflächen mit Föhren bestanden.

An der Straße von Oberhaid nach Rosenberg sind die Schotter auf der Ostseite des Schwarzwaldsattels auch gelegentlich in einer Tiefe von ½ m aufgeschlossen. Sie setzen sich zum Teil aus kopfgroßen Quarzgeröllen, überwiegend aber aus kleineren Quarzbrocken zusammen. Die größeren Stücke sind sehr gut gerundet, die kleineren bloß kantengerundet oder überhaupt scharfkantig. Neben Quarz finden sich auch Granitgerölle. Die Schotter sind mit feinen gelben, sehr reschen Sanden vermischt.

Östlich oberhalb der Stegmühle überwiegen kantige Quarzstücke von mittlerer Größe. Daneben finden sich auch kantige Quarztrümmer bis zu ½ m Durchmesser und kopfgroße, sehr gut gerundete Gerölle. Auch hier sind den Quarzschottern stellenweise Granitstücke beigemengt. Besonders zahlreich sind die großen Kieselblöcke westlich P. 636 O.A. Auch diese stecken in feinen gelben Sanden.

Daß die Schotter von Oberhaid echte Flußablagerungen sind, zeigt das reichliche Vorkommen schöner Gerölle und deren Vermischung mit Sanden. Auf keinen Fall kann es sich um eine Anreicherung von eluvialem Verwitterungsmaterial in den oberflächlichen Schichten des Bodens handeln, auch dort nicht, wo die eckigen und kantigen Gesteinsbrocken daran denken ließen.

Die Vorherrschaft schlecht gerundeter Gerölle zeigt aber, daß diese keinen allzu großen Weg zurückgelegt haben können. Anscheinend sind sie von NW her aufgeschüttet worden.

b) Die Schotterlager von der böhmischen Grenze bis zur Freistädter Senke.

Vom Hainbachfeld südlich Oberhaid setzen sich die Schotter mit nur geringfügigen Unterbrechungen gegen SO fort. Um Böhm.- und Deutsch-Hörschlag fehlen sie, wie überhaupt an der Ostseite der breiten Talmulde zwischen Deutsch-Hörschlag und Zulissen.

Auf der Westseite des Tales setzt eine Geröllstreu schon wieder an der böhmischen Grenze nördlich von Zulissen ein und verdichtet sich östlich unterhalb dieser Ortschaft zu einer geschlossenen Decke.

Ein besonders mächtiges Schotterlager findet sich unmittelbar auf der europäischen Hauptwasserscheide in der Pirau (672 m). Der Boden eines größeren Kahlschlages ist hier ganz mit Geröllen überstreut. An mehreren Stellen kommen auch die beigemengten rötlich-gelben Sande zum Vorschein. Die meist recht gut abgerollten, häufig aber auch bloß kantengerundeten Quarze haben vorwiegend Hühnereigröße.

Die Wasserscheide wird durch einen Damm der alten Pferdeeisenbahn Linz-Budweis bezeichnet. Nach N zu fällt der Schotterboden ziemlich steil gegen den Ursprung des Hainbaches ab. Nach S zu schließt sich moor- und waldbedeckter Lehmboden an.

Bei Summerau bilden die Schotter einen schmalen Streifen, der nördlich vom Ostende des Bahnhofs beginnt und von hier gegen SO zieht. Besonders mächtig scheinen die Ablagerungen dort zu sein, wo die Straße von Summerau nach Rainbach gegen den Bach hinunterführt. Ein Hohlweg erschließt sie hier auf 1 m Tiefe. Im übrigen ist der Schotterstreifen auf den Äckern auch an der hellgrauen Farbe des Bodens zu erkennen, im Gegensatz zum benachbarten dunkelbraunen Lehmboden. Die Schotter liegen merklich tiefer als die breite Fläche des Gayerbühels, auf der Summerau liegt.

Westlich von Summerau sind keine Gerölle zu sehen, obwohl auch hier ein breites Tal gegen NW zu eine Verbindung mit dem Gelände von Oberhaid herstellt. Auch der westliche Quellast des Jaunitzbachtales südwestlich von Summerau ist schotterfrei. Im östlichen liegen aber bereits wieder südöstlich unterhalb des Ortes mächtige Geröllmassen.

Von der Vereinigungsstelle der beiden Quelläste zieht ein längeres Schotterband auf der Westseite des Jaunitzbachtales unterhalb der Eisenbahn bis zum Semmelhof. Oberhalb der Bahn finden sie sich hier nicht, wohl aber südlich der Einmündung des von Freudenthal herabkommenden Baches, wo sie eine Höhe von 660 m erreichen.

In geringerer Mächtigkeit setzen sie sich gegen S fort. Östlich unterhalb von Unterschwand tritt wieder ein größeres Kieslager auf. Es setzt auf der Terrasse unterhalb der Ortschaft in einer Höhe von 630 m ein und reicht bis auf den Talboden hinunter. Die Bahn durchschneidet es in einem 10 m tiefen Einschnitt, der leider schon ziemlich gut verwachsen ist, im übrigen aber einen der größten Aufschlüsse in diesen Ablagerungen darstellt. Er zeigt weiße oder bläuliche, sehr schön gerundete Quarzgerölle bis zu Faustgröße, vermischt mit rötlich-gelben Sanden.

An der Ausmündung des Kronbachtales sind keine Schotter vorhanden. Wären sie im Jaunitzbachtal keine ortsfremden Fernschotter, müßten aber auch hier welche vorhanden sein; das Einzugsgebiet des Kronbaches steht ja an Größe hinter dem des Jaunitzbaches nicht zurück.

Besonders beachtenswert ist der Talabschnitt in der Umgebung des Ramelbauers. Nordwestlich von ihm überschreitet die Straße einen breiten Sattel, der in einem mächtigen Kieslager angelegt ist. Die Straße führt hier durch einen tiefen Einschnitt, dessen Wände durch Granitverkleidung vor dem Verrutschen geschützt werden. Der Jaunitzbach durchfließt westlich davon eine auffällige Talverengung. Er hat hier durch einen kleinen epigenetischen Durchbruch die kleine Kuppe nordwestlich des Ramelbauers vom westlichen Talgehänge abgeschnitten.

Ein größerer Aufschluß liegt unmittelbar beim Ramelbauer selbst: rötliche Sande, vermischt mit Schotterlagen und kleinen Tonschmitzen.

Östlich des Ramelbauers reichen die Schotter bis etwa 620 m Meereshöhe hinauf und hören dann mit einer scharfen Grenze auf. In großer Menge liegen sie wieder auf dem Rücken nordwestlich vom Prandl, wo sie in einem 2 m tiefen Wegeinschnitt auch sichtbar sind, ferner auf den Äckern südlich unterhalb des Prandl. An der hellen Farbe des Bodens sind sie auf den Feldern schon von weitem zu erkennen. Im Tale selbst treten sie unterhalb des Lengauer auf, hingegen fehlen sie auf dem Rücken, der von diesem Hof gegen die Bahn zieht.

c) Freistädter Senke.

Die jungen Ablagerungen der Freistädter Senke — ich verstehe darunter im Gegensatz zur übergeordneten Feldaistsenke nur die schmale Senke, die von Freistadt bis über Kefermarkt zieht — setzen am Bahnhof Freistadt ein und ziehen in über ½ km Breite bis gegen Kefermarkt. Vor allem bedecken sie das Gelände innerhalb der großen Bahnkurve südlich des Freistädter Bahnhofs. Östlich davon nehmen sie den Rücken beim Weißenböck ein und bedecken dann südwärts das ganze Gelände zwischen Feldaist und Eisenbahn. Über die Galgenau reichen sie bis zum Haider, von hier südwärts über die Bahn bis gegen Punkenhofen. Ein größeres Schotterlager findet sich südwestlich von Lest, vor allem aber beim Neuhauser und von hier entlang der Straße bis zum Abfall gegenüber von Kefermarkt. Das Gelände zwischen dem Plank und Meyerbeck ist schotterfrei. Es ist auch etwas höher als der westlich davon gelegene Schotterstreifen.

Im Raume nördlich von Lest scheinen die Ablagerungen westlich der Bahn zu fehlen. An mehreren Stellen steht hier im Talgrund Granit an.

Die Schotteroberfläche ist beim Bahnhof Freistadt etwa 560 m hoch. Nach S zu senkt sie sich etwas ab und ist daher nordwestlich von Kefermarkt nur mehr rund 530 m hoch. Die ausgedehnte 600-m-Fläche westlich oberhalb vom Freistädter Bahnhof ist schotterfrei.

Einer der größten Aufschlüsse liegt am Waldrand westlich vom Aufreiter (südlich des Freistädter Bahnhofs). Die etwa 3 m tiefe Grube zeigt oben und unten vorherrschend Sande, in der Mitte sind diese mit kleingerölligen Schottern vermischt. Die Gerölle, meist unter Hühnereigröße, bestehen überwiegend aus weißen oder bläulichen Quarzen; sie sind teilweise gut abgerollt, teilweise auch bloß kantengerundet.

Die Sande enthalten alle Bestandteile des Granits: neben Quarzkörnern zahlreiche Feldspatstückchen, häufig schon kaolinisiert, daneben kleine Glimmerblättchen. In den Sanden stecken auch zahlreiche Granitgerölle, die aber ganz zersetzt sind und bei Berührung sofort zerfallen. Der Aufschluß zeigt weiße Farbe und weist stellenweise schöne Kreuzschichtung auf. Die Ablagerungen werden im weiten Umkreis auch mit zur Straßenerhaltung verwendet.

Die beiden auf den Karten eingetragenen Ziegelöfen sind jetzt aufgelassen. In der nördlichen Grube stehen schon große Birken.

In der südlichen, die aber ebenfalls schon stark verfallen ist, sieht man über bläulichen Tonen noch resche, hellgelbe Sande mit zahlreichen Glimmerblättchen, darüber Quarzschotter.

Der tiefste Aufschluß bot sich beim Bau eines neuen Bahnüberganges beim Wächterhaus Nr. 701, 1,5 km südlich vom Freistädter Bahnhof, zu Ostern 1928. Hier war in einer Mächtigkeit von etwa 15 m eine wechselnde Folge von Sanden, Tonen und Schottern aufgedeckt. In halber Höhe schaltete sich zwischen die vorherrschenden hellgelben Sande eine 5 dm mächtige Bändertonschicht ein. Die Dicke der einzelnen Bänder, abwechselnd von rötlicher und bläulicher Farbe, betrug 1—5 cm.

Die verschiedenen Aufschlüsse in der Galgenau zeigen immer dasselbe Bild: gelbliche oder rötliche Sande, vermischt mit Quarzschottern von mittlerer Korngröße, neben gut abgerollten Stücken auch bloß kantengerundete. In den oberen Teilen des Bodens macht sich häufig, wohl infolge Auswaschung der feineren Sande, eine starke Anreicherung gröberer Gerölle geltend. Meist tragen die vom Schotter bedeckten Teile der Landschaft Föhrenwald und werden vom Ackerbau gemieden.

Alle Sande und Schotter der Freistädter Senke stammen aus dem Jaunitzbachtal. Im Feldaisttal nördlich von Freistadt fehlen sie, demgemäß auch in der unmittelbaren Nachbarschaft von Freistadt und westlich der Stadt bis gegen den Bahnhof.

In die Aufschüttungen der Feldaist gibt der 1 km südlich von Freistadt am rechten Flußufer gelegene Ziegelofen einen lehrreichen Einblick. Zu unterst liegt hier anstehender, aber tief aufgelockerter Granit. Darüber folgt eine ½ m mächtige Lage von gut gerundeten Granitgeröllen bis zu Faustgröße und mehr. Dazu gesellen sich aber auch viele nur kantengerundete Granitstücke. Ein anschließender, etwas höher gelegener Aufschluß enthält sandigen Verwitterungslehm, in den stellenweise wieder Granitgerölle eingelagert sind. Die ganze Ablagerung ist der Rest eines alten Schuttkegels, den die Feldaist in das Freistädter Becken vorgebaut hat. Nirgends finden sich aber hier Quarzgerölle wie weiter westlich am Jaunitzbach, obwohl sich dessen Einzugsgebiet nicht im entferntesten mit dem der Feldaist messen kann.

In der Gegend südlich von Kefermarkt ist von Quarzschottern nichts zu sehen; dafür finden sich hier tonig-sandige Ablagerungen in größerer Mächtigkeit. R. Scharitzer (Jahrbuch der Geol. Reichsanstalt, 1880, S. 593) erwähnt aus dieser Gegend auch Braunkohlenfunde.

Am Südende des Beckens von Kefermarkt finden sich Schotter nur auf dem Sattel östlich unterhalb von Netzberg, über den die Straße führt. Gleich südlich des Wächterhauses, wo die Straße nach S zu anzusteigen beginnt, liegen östlich von ihr bis zum Fuß des Gehänges viele gut gerundete Quarzgerölle. Ein größerer Aufschluß findet sich auf der Höhe des Sattels an der Straße selbst gegenüber dem Bildstock in 510 m Höhe. Es handelt sich um feine Sande von weißer Farbe mit zahlreichen Quarzgeröllen. Auch westlich des genannten Bildstockes sind die Äcker mit Schotter erfüllt. Lehmig-sandige Ablagerungen mit spärlichen Quarzgeröllen treten auch am Südabfall des Sattels westlich der Straße in der Nähe des dortigen Bauernhofes auf.

Im Wäldchen südlich von Netzberg ist zusammengeschwemmter, mehrere Meter mächtiger Verwitterungsgrus mit vielen eckigen Gesteinstrümmern aufgeschlossen, zwischen den sich eine weiße Sandschicht einschaltet. Ähnliche Aufschlüsse finden sich mehrfach in der Umgebung von Selker. Quarzgerölle fehlen hier, wie in dem ganzen Talabschnitt vom Südende des Kefermarkter Beckens bis nach Prägarten.

Erst bei Prägarten selbst trifft man gleich nördlich vom Ostausgang des Bahnhofs wieder auf gelbgefärbte Sande mit vielen gut gerundeten Quarzgeröllen. Diese sind besonders in den oberflächlichen Teilen stark angereichert, bilden aber auch mitten im Sande einzelne Nester. Anschließend lassen sich Schotter auch noch etwas gegen W bis an die Straße nach Hagenberg verfolgen. Die runden Gerölle sind hier allerdings stark mit eckigem Verwitterungsgrus vermischt. Möglicherweise sind aber diese Sande und die aus ihnen herausgewaschenen Schotter Entsprechungen der miozänen Ablagerungen, die ja in nächster Nähe östlich von Prägarten an mehreren Stellen erhalten sind.

d) Schotterlager auf den Höhen nördlich von Mauthausen und Schwertberg.

Im Gelände südlich von Prägarten fehlen größere Kieslager, wenn sich auch vereinzelte Gerölle gar nicht selten auf der breiten Fläche des Prägartfeldes und bei Meitschenhof finden. Der Verdacht auf Kulturschotter läßt sich aber hier nicht ganz ausschalten. Noch reichlicher treten Gerölle bei Frenstorf südöstlich vom Bahnhof Gaistbach-Wartberg auf.

Zusammenhängende Schotterdecken liegen erst wieder auf den Höhen südlich oberhalb des Beckens von Aistbergthal. Hier muß früher die Landschaft von einer über 4 km breiten Schotterfläche in rund 400 m Höhe verhüllt gewesen sein.

Von ihr sind jetzt noch zwei große Kieslager erhalten. Das eine liegt in der breiten, flachen Talung, durch die die Bahn von Gaistbach-Wartberg nach Mauthausen führt. Der ganze, 400 m hohe Rücken östlich oberhalb der Haltestelle Aistbergthal ist mit Quarzschottern überdeckt. Auf der kleinen Kuppe unmittelbar nordöstlich der Haltestelle sieht man 2 m mächtige gelbe Sande, darüber 1 m mittelgroße Quarzschotter, mitunter aber auch Gerölle von Doppelfaustgröße. Die Schotter ziehen bis an die Bahn hinunter. Auf dem Rücken von Hartl fehlen sie. Westlich des Josefstals ist aber ein mächtiges Schotterlager in 380 m Höhe nördlich vom Zehetner beim Rab vorhanden.

Von der Haltestelle Aistbergthal ziehen die Schotter gegen W bis über die Straße Prägarten-Mauthausen. Nördlich vom Bauernhof Kastl (auf der O.A. infolge Namensvertauschung fälschlich Lichteneder genannt) sind sie in einer Gesamtmächtigkeit von über 10 m am Waldrande aufgeschlossen. Es sind ziemlich kleingeröllige Quarzschotter von weißer Farbe, vermischt mit gelblichen oder rötlichen Sanden und tonigen Zwischenschichten.

Die zweite, ebenso ausgedehnte Schotterfläche liegt westlich oberhalb vom Roten Moos bei Waxreith. Aufschlüsse finden sich beim Pühringer und im Walde nördlich davon. Die Ablagerungen erstrecken sich von Waxreith bis zur Kapelle bei der Weggabelung nordöstlich von Ruchstetten. Ein vereinzeltes Vorkommen wohl umgelagerter oder abgekrochener Schotter sieht man am Westhang des Rotmoostales.

Weitere Kieslager lassen sich feststellen beim Eichbauer, P. 386 südlich von Ruchstetten und bei diesem Ort selbst, ferner weiter südlich um Gruckenberg (389 m).

Aus diesem Rahmen fällt infolge seiner höheren Lage (430 m) ein Vorkommen schöner Quarzgerölle heraus, die sich gegenüber dem am weitesten südlich gelegenen Hause von Hochstraß an der Straße von Prägarten nach Mauthausen in einer erlenbestandenen Lehmgrube feststellen ließen. Es scheint sich nicht um künstlich verschleppte Gerölle zu handeln.

Die ansehnlichen, 340 m hoch gelegenen Schotterterrassen von Doppel und Winden beiderseits des Josefstales bei Schwertberg führen uns schon in die unmittelbare Nachbarschaft der Donau. Sie entsprechen bereits einer etwas jüngeren Ablagerungsphase.

2. Zusammenfassender Überblick über die jungen Ablagerungen der Feldaistsenke.

In einem nahezu vollkommen geschlossenen Streifen ziehen also junge Ablagerungen aus der Gegend des Moldauknies in Südböhmen über die heutige Wasserscheide hinweg in das Jaunitzbachtal und durch die ganze Freistädter Senke. Nach größeren Unterbrechungen nördlich und südlich von Prägarten erreichen sie auf den Höhen zwischen Aist und Gusen nördlich von Schwertberg und Mauthausen abermals eine weite Verbreitung.

Sie setzen sich überwiegend aus gelblichen oder rötlichen Sanden und weißen oder bläulichen Quarzschottern zusammen. Gelegentlich finden sich auch tonige Zwischenschichten. Der unregelmäßige und häufige Wechsel von Schichten verschiedener Korngröße, die Grobkörnigkeit vieler Schichten, die des öfteren schön ausgebildete Kreuzschichtung und das Fehlen von Deltastruktur erweisen diese Ablagerungen als fluviatile Bildungen.

In der Freistädter Senke mag es allerdings vorübergehend auch zur Aufstauung von stehenden Gewässern gekommen sein, in denen sich z. B. die festgestellten Bändertone bilden konnten. Es genügt aber, dabei an Absätze in Altwässern und toten Flußwinkeln zu denken.

Abgesehen von den allgemeinen Erhebungsverhältnissen des Mühlviertels, zeigen die jungen Ablagerungen selbst, daß der zugehörige Fluß von N nach S geflossen ist. Die Zurundung der Gerölle wird nämlich gegen S zu immer besser. Um Oberhaid herrschen noch kantengerundete Gerölle vor, die Gerölle weiter im S weisen meist eine vollkommenere Rundung auf. Die durchschnittliche Größe der Quarzgerölle nimmt gegen S zu ab.

Die Sande und Schotter der Feldaistfurche sind in gewissem Sinne fremdbürtige Ablagerungen, nirgends ließen sich ähnliche Bildungen an den Mühlviertler Flüssen nachweisen. Deren Geschiebeführung ist ja von ganz anderer Beschaffenheit. Zum weitaus größten Teil handelt es sich dabei um Granitbrocken und -grus von verschiedener Größe; schön gerollte Kieselschotter kommen weder an noch in ihnen vor. Soweit dies beim Jaunitzbach und bei der Feldaist der Fall ist, handelt es sich wahrscheinlich um umgelagerte alte Quarzschotter. Ein schönes Beispiel bot diesbezüglich ein größerer Aufschluß bei der Pösermühle unterhalb der Eisenbahnhaltestelle Selker nördlich von Prägarten. Die breite, 2—3 m über dem Fluß liegende Terrasse besteht hier aus Sanden, schlecht gerollten Granitstücken und zahlreichen schönen Quarzgeröllen.

Daß die mächtigen Sand- und Schotterlager der Feldaistsenke nicht rein örtlicher Entstehung sind, läßt sich am besten im Freistädter Becken erkennen. Hier müßten ja auch die Feldaist und die Freistritz bei Lasberg ähnliche Schotter abgesetzt haben, wie sie sich aus dem Jaunitzbachtal in das Becken ergossen haben. Das Gegenteil ist der Fall.

Die Quarzschotter der Feldaistsenke sind daher Fernschotter und als solche durch einen größeren, aus Südwestböhmen stammenden Fluß abgelagert worden. Da nach den Befunden wenigstens zur Zeit der Bildung dieser Ablagerungen in der Freistädter Senke kein größerer Binnensee bestanden haben kann, muß sich dieser Fluß auch weiter gegen S bis an den Massivrand hin fortgesetzt haben. Man wird ihm daher auch die Aufschüttung der Schotter auf den Höhen nördlich von Schwertberg und Mauthausen zurechnen müssen. Diese verlangen ja ihrerseits zu ihrer Erklärung einen größeren, von N her kommenden Fluß.

Dazu kommt die Gleichheit der Ablagerungen in der Geröllführung und vor allem auch in ihrer so kennzeichnenden ockergelben bis rostroten Farbe in den meisten Aufschlüssen.

Es besteht meiner Meinung nach keinerlei Bedenken, die Schotter der Freistädter Senke und die 400 m hoch gelegenen Schotterfelder südlich oberhalb des Beckens von Aistbergthal als gleichzeitige Ablagerungen eines einheitlichen Flußlaufes anzusehen.

3. Das Alter der Schotter.

Die südlichsten Schotterlager sind nur wenige Kilometer von der Donau entfernt. Durch Vergleich mit den Schotterterrassen unmittelbar an der Donau selbst läßt sich hier auch eine annähernde Altersbestimmung geben.

Zunächst sind sie jedenfalls jünger als die untermiozänen Melker Sande, die den Südrand der Böhmischen Masse in großer Ausdehnung umhüllen. An verschiedenen Stellen, besonders bei Waxreith, bilden diese ihr Liegendes.

Die schon erwähnten Schotter von Doppel und Winden in 340 m Höhe stehen nicht vereinzelt da. Auch weiter gegen O finden sich gleich hoch gelegene, so am Südausgang von Lanzenberg bei Perg; beim Lehnergut nordöstlich von Perg; nördlich von Groissing. Weitere Vorkommnisse zwischen Perg und Grein hat schon A. Till auf der geologischen Karte 1 : 75000 verzeichnet. Ihre Deutung als Deckenschotter (vgl. auch Verhandlungen der Geol. Reichsanstalt 1908, S. 343ff.) ist freilich unrichtig.

Ein besonders mächtiges Schotterlager in 360 m Höhe trägt das Hochfeld nördlich von Mauthausen, noch etwas höher liegen die Schotter bei P. 373 nördlich von Lanzendorf. In allen diesen und weiteren, hier nicht angeführten Fällen handelt es sich um Quarzschotter.

Ein ganz anderes Aussehen haben die Schotter bei Büsenberg westlich von Schwertberg in 290 m Höhe.

Unter einer verlehmten Lößdecke liegen hier Donauschotter mit zahlreichen alpinen Geröllen aus Kalk und Hornblendeschiefer. Erst diese tiefgelegenen Schotter entsprechen dem Deckenschotter, den wir auch auf dem rechten Ufer der Donau östlich der Enns in etwa 300 m Höhe antreffen.

Beziehen wir die verschiedenen Schotter auf einen Donauspiegel von 240 m Höhe, so ergeben sich folgende Höhen:

	absolute	relative
	Höhe in m	
Deckenschotter östlich der Enns und bei Büsenberg	290—300	50—60
Schotter von Doppel, Winden und Lanzenberg	340	100
Schotter des Hochfeldes und nördlich von Lanzendorf	360—370	120—130
Schotter auf den Höhen südlich oberhalb des Beckens von Aistbergthal	380—400	140—160

Über dem Niveau des Deckenschotters liegen also am Südrand der Böhmischen Masse noch mehrere ältere Schotterterrassen, die in ihrer relativen Höhenlage zum Teil eine auffallende Übereinstimmung mit den pliozänen Talniveaus des Wiener Beckens aufweisen. So entsprechen besonders die Schotter von Doppel und Winden den weiten Aufschüttungsflächen der Laaerbergterrasse (relative Höhe 90—115 m).

Die hochgelegenen Schotter am Massivrand scheinen den ausgedehnten Quarzschotterplatten der pontischen Aufschüttungen im niederösterreichischen Weinviertel oder den mächtigen Hausruckschottern im oberösterreichischen Vorland zu entsprechen. Ich möchte sie daher ebenfalls wie diese als unterpliozän bezeichnen.

Es ist aber nicht ausgeschlossen, daß in der Freistädter Senke auch noch ältere Ablagerungen vorhanden sind, die noch dem Miozän angehören.

4. Die Herkunft der Sande und Schotter der Feldaistsenke.

Über die heutige Wasserscheide haben uns die alten Flußablagerungen bis an das Moldauknie geführt, wo der Schwarzwaldsattel das Tor zu sein scheint, durch das sie herangeführt wurden.

Im heutigen Moldautal selbst ist nichts mehr von ihnen zu finden. Nur in der Weitung von Hohenfurth treten nochmals ähnliche Bildungen auf. Vor einigen Jahren bestand südlich der Stadt an der Ostseite der Straße nach Kaltenbrunn ein größerer Aufschluß, dessen untere Partien ich bei einem neuen Besuch 1929 schon wieder verschüttet fand. Es zeigten sich etwa 4 m mächtige grobkörnige Ablagerungen mit vorwiegend kantengerundeten, bis faustgroßen Quarzstücken und verwitterten Granitbrocken; deutliche Schichtung, teilweise auch Kreuzschichtung; Einschaltung toniger Zwischenschichten; in den obersten Lagen auch größere Granittrümmer bis ½ m Länge, die wohl vom höherliegenden Gehänge stammen.

Darunter liegen, in einer Mächtigkeit von 2 m sichtbar, reine, feinkörnige Sande von gelber oder weißer Farbe, die große Ähnlichkeit mit den Miozänsanden des Donaugebietes haben.

Schön gerundete Gerölle fehlen. Gleich neben dem Aufschluß steht das Grundgebirge an.

Die im weiteren Umkreis bei der Bevölkerung bekannte Sandgrube in der Nähe des Kühhofs nördlich von Hohenfurth besteht ausschließlich aus aufgelockertem Granit. Flußablagerungen fehlen der dortigen breiten Terrasse.

Man wird in den Ablagerungen bei Hohenfurth die westliche Fortsetzung der Schotter von Oberhaid sehen dürfen. Dies stützt die Ansicht, daß die Sande und Schotter der Feldaistsenke einem alten Moldaulaufe ihre Entstehung verdanken.

In diesem Zusammenhang verdienen noch zwei Stellen weiter im NW Erwähnung.

Gleich nördlich oberhalb von Steindlhammer findet sich östlich der Straße auf den Äckern eine starke Anreicherung von Quarzbrocken auf eng begrenztem Raume, die möglicherweise hier angeschwemmt sind. Wo die Straße Steindlhammer-Nesselbach bei der Ortschaft Reith in den Wald eintritt, liegt eine schon teilweise verfallene Tongrube. Über dem bläulichen Ton sieht man große kantige Brocken eines rötlichen Quarzes.

Auf den Raum westlich von Friedberg habe ich meine Untersuchung noch nicht ausdehnen können.

B. Morphologische Bemerkungen über die Feldaistsenke.

Bisher wurde nur die regionale Verbreitung der Flußablagerungen in der Feldaistfurche mit den damit verknüpften Fragen behandelt. Dabei ergab sich eine leicht übersehbare, einfache streifenförmige Anordnung. Bei einer genaueren Betrachtung dieser Flußabsätze im Zusammenhange mit den Formen der Landschaft erscheinen aber die Verhältnisse wesentlich verwickelter, als man zunächst annehmen könnte.

Schon die Tatsache, daß die Sande und Schotter quer über die Wasserscheide bei Summerau hinwegreichen, zeigt ja zur Genüge, daß ihre Verbreitung mit dem gegenwärtigen Relief und den heutigen hydrographischen Verhältnissen nicht übereinstimmt. Diese Unstimmigkeit wird noch größer, wenn wir sie in oder auf verschiedenen Landschaftsformen finden: auf einer zerschnittenen Platte wie bei Oberhaid, in einem tief eingeschnittenen Flußtal wie südlich von Summerau oder in einem geräumigen Becken wie bei Freistadt.

1. Die Formen im Gebiet der Wasserscheide.

Wir müssen nun im folgenden einen Überblick über die wichtigsten formenkundlichen Erscheinungen im Bereich der Donau-Moldau-Wasserscheide zu gewinnen versuchen, soweit es auf die Feldaistsenke ankommt. Es handelt sich dabei im wesentlichen um folgende Fragen:

a) Die Anlage der südböhmischen Pforte und der Freistädter Senke.

Zwischen Leonfelden-Hohenfurth im W, Freistadt und Leopoldschlag im O öffnet sich, wie schon kurz angedeutet, eine 15 km breite Pforte zwischen den über 1000 m ansteigenden Rücken des Böhmerwaldes und dem ebenfalls über 1000 m hohen Granitmassiv des nordöstlichen Mühlviertels. Steil brechen der Sternstein und die Berge südlich von Hohenfurth gegen die Hochfläche der Pforte ab. Noch schärfer ist deren Grenze im O ausgebildet. Unmittelbar über dem Kerschbaumer Sattel erhebt sich hier der Leopoldschlager Berg auf 849 m, der Lichtenauer Berg auf 870 m. Im Viehberg bei Sandl steigt das Bergland auf 1111 m an.

Die südböhmische Pforte stellt eine Großform dar, die in der Hauptsache tektonisch bedingt ist. Sie schaltet sich zwischen die stärker herausgehobenen Schollen an ihren beiden Seiten ein. Diese selbst stellen keine geschlossenen Einheiten dar. Deutlich lassen sich namentlich im Bergland östlich der Pforte mehrere Teilschollen erkennen. Eine breite und tiefe, von Lichtenau über Windhaag ziehende Furche trennt den Lichtenauer und Leopoldschlager Berg von dem südöstlich anschließenden Massiv mit dem Plochwald (1042 m), Viehberg (1111 m) und Moserberg (864 m). Die Feldaist entspringt auf dessen mooriger Hochfläche. Seinen Nordabfall überwindet sie mit einer deutlichen Gefällsstufe. Dasselbe gilt von dem anschließenden Mühlbach, der dann über Windhaag zur Maltsch fließt. Die Feldaist benutzt in ihrem weiteren Laufe nicht die Lichtenauer Talung, sondern fließt mitten durch das nordwestlich gelegene, 150 m höhere Bergland, wo ihr Tal den Lichtenauer vom Leopoldschlager Berg trennt. Schon hier kommt man bei einer Erklärung der Landformen und des Flußnetzes nicht ohne die Annahme von tektonischen Einflüssen aus.

Noch klarer zeigt sich deren Anteil an der Entstehung des heutigen Reliefs auf dem engeren Raume der Freistädter Senke.

Diese erstreckt sich in etwa 12 km Länge von Freistadt bis über Kefermarkt gegen S und besteht aus dem Freistädter und dem 100 m tiefer liegenden Kefermarkter Becken. Es handelt sich in der Hauptsache um eine langgestreckte, schmale Grabensenke mit teilweise sehr scharfen Bruchrändern. Die tektonische Entstehung des Freistädter Beckens kommt besonders darin zum Ausdruck, daß seine steilwandige Umgrenzung ohne jede Beziehung zu den Flüssen ist. So schneidet besonders der Lauf des Jaunitzbaches den Beckenrand unter einem spitzen Winkel. Die Feldaist betritt das Becken nicht durch die von Freistadt gegen Vierzehn zu vorgeschobene Mulde, sondern schneidet noch einmal einen Geländestreifen von der nordöstlichen Beckeneinfassung ab, ehe sie nördlich Freistadt bei der Ortschaft Graben mit einer deutlichen Gefällsstufe das weite Becken erreicht.

Mauerartig ist der nahezu 100 m hohe westliche Beckenrand bei Albingdorf ausgebildet. Er zieht nach S bis zu dem Sattel von Lest, der einen niedrigen Übergang zur Kl. Gusen bietet, der einstmals auch von der Pferdeeisenbahn benutzt wurde. Die Westeinfassung des Kefermarkter Beckens wird wieder durch einen hohen Steilabfall gebildet. Besonders augenfällig ist der Ostrand dieses Beckens, der in Form einer 150 m hohen Wand geradlinig von Kefermarkt bis über den Netzbergsattel hinaus nach S zieht.

Nördlich von Kefermarkt mündet von O her in die Freistädter Senke die von Lasberg-St. Oswald ein. Ihr breiter Boden, bei Lasberg 570 m hoch, wird im äußeren Teil durch die junge Mündungsschlucht der Feistritz zerschnitten. Südlich davon erhebt sich der Buchberg auf 811 m, nördlich liegt das fast ebenso hohe, steil abfallende Plateau von Gunnersdorf. Dessen Westabfall bildet nördlich der Feistritz auch den Rand des Freistädter Beckens. Auch das Relief des Beckens von Lasberg-St. Oswald ist kaum rein fluviatil geschaffen worden. Der wohl abgeschlossene Kessel von St. Oswald wird von einem 200—300 m hohen Steilrand umschlossen, den die auf der Hochfläche entspringenden Bäche mit noch gänzlich unausgeglichenem Gefälle überwinden. Da größere, morphologisch wirksame Gesteinsunterschiede hier nicht in Frage kommen, lassen sich diese hohen Mündungsstufen nur durch Krustenbewegungen erklären.

Dies gilt auch für die Verhältnisse am Kronauer Bach. Dieser tritt nicht auf dem kürzesten Wege in das Becken ein, sondern schneidet zuvor noch den Kronauer Berg in einem Durchbruchstal vom Gunnersdorfer Plateau ab. Dieses ist seinerseits durch eine tiefere Furche, der die Straße von St. Oswald gegen Freistadt folgt, von der ausgedehnten, auf drei Seiten von Steilabfällen umgrenzten, über 900 m hoch liegenden Hochfläche zwischen St. Oswald und Sandl abgelöst.

b) Die 700-m-Fläche bei Summerau.

Die südböhmische Pforte selbst stellt im wesentlichen eine Hochfläche von etwa 700 m Meereshöhe dar. Inselbergartig ragen mehrere Bergkuppen in Höhen von 750—800 m und darüber auf.

Besonders nordwestlich von Freistadt ist die 700-m-Fläche schön ausgebildet und gut erhalten. Sie zieht von St. Peter (690 m), leicht ansteigend und durch einige ganz flache Talmulden etwas gegliedert, auf Rainbach zu (710 m) und setzt sich im N bis zum Kerschbaumer Sattel fort.

Nordöstlich der Feldaist ist sie im Umkreis von Schlag, Grünbach und Lichtenau breit entwickelt.

Westlich des Jaunitzbaches gehört ihr die breite Platte von Freudenthal an, die sich nach S, sich erniedrigend und stark zerschnitten, über Waldburg, mit ansteigender Höhe jedoch nach N verfolgen läßt. Auch um Reichenthal ist sie in großer Ausdehnung vorhanden.

Diese 700-m-Fläche ist morphologisch die wichtigste Erscheinung im Raume nordwestlich von Freistadt. Sie dacht sich ganz allmählich von N nach S oder SO zu ab. Wenn auch gerade in diesem Gebiete immer mit nachträglichen Verstellungen gerechnet werden muß, so spricht doch alles dafür, daß die Flüsse, die diese Verebnung geschaffen haben, nordsüdlich gerichteten Lauf hatten. Dies zeigt sich besonders deutlich in der Verzweigung der Ebenheit gegen N zu, einerseits gegen den Kerschbaumer Sattel, andererseits gegen NW, wo die alte Fläche freilich infolge der nachträglichen Zerschneidung nur mehr in einzelnen Teilen erhalten geblieben ist, so besonders beim Steinfeld südlich von Zulissen.

c) Die 650-m-Fläche von Oberhaid und das Jaunitzbachtal.

Die zweite Hauptform an der Donau-Moldau-Wasserscheide ist die ausgedehnte 650-m-Fläche bei Oberhaid und um Zwarmetschlag. Diese greift fingerförmig weit gegen S zurück und löst dadurch das höhere Gelände der 700-m-Fläche und der darüber aufragenden Inselbergkuppen in einzelne Streifen auf. Besonders die Umgebung von Zwarmetschlag bietet hierfür ein gutes Beispiel.

Mit steiler Stirne fällt der Granitzflurrücken nordwärts gegen die 650-m-Fläche ab. Diese erstreckt sich beiderseits von ihm, leicht ansteigend, über Allhut und Stiftung gegen S. Es liegt hier eine geradezu mustergültige Eckflur im Sinne J. Sölchs vor, die sich beiderseits in Form von breiten Talterrassen fortsetzt. Ganz ähnlich ist es beim Rücken von Zulissen.

Noch schärfer ausgeprägt ist der Abfall der bis gegen Leopoldschlag auf etwa 750 m ansteigenden Hochfläche gegen das mehr als 100 m tiefer liegende Flußgebiet der Maltsch. Besonders beim Anblick von N her hebt sich die nördliche Kante dieser Fläche zwischen dem Leopoldschlager Berg im O und dem Taborberg im W deutlich ab.

Während sich im N die 650-m-Fläche ausbildete und den Rand der 700-m-Fläche immer stärker auflöste und nach S zurückschob, wurde diese auch durch ihre eigenen Flüsse wieder zerschnitten und in einzelne Teile aufgelöst. Diese Zerschneidung hängt zusammen mit dem Einbruch der Freistädter Senke, wodurch die örtliche Erosionsbasis beträchtlich tiefer verlegt wurde. Feldaist und Jaunitzbach haben sich nunmehr tiefe Täler schaffen können.

In der Nachbarschaft von Oberhaid sehen wir die 650-m-Fläche ihrerseits durch die jungen Täler des Stegmühlbaches und seiner Zuflüsse zerschnitten.

So arbeiten seit alters die Flüsse von zwei Seiten her in einer Landschaft mit geringen Höhenunterschieden an der Erweiterung ihres Einzugsbereiches. Das Ergebnis ist eine sehr labile Wasserscheide. Nördlich von Summerau liegt beispielsweise eine dreifache Talwasserscheide, von der das Wasser zum Jaunitzbach nach S, zum Hainbach nach N und nach W gegen die Talfurche nordwestlich von Summerau fließt.

Noch weniger als sonst lehnt sich daher die österreichisch-böhmische Grenze an die Wasserscheide an, die ja in den moorigen Gründen oft nur mit Mühe feststellbar ist.

Die Flüsse der Nordabdachung waren und sind im Vordringen gegen den Einzugsbereich der Mühlviertler Flüsse und haben daher auch im Laufe der Entwicklung die Wasserscheide gegen S zurückgeschoben. Wenn J. MOSCHELES (Das Alter der Rumpfflächen im böhmischen Massiv. Geol. Rundschau, 1923, S. 315) gerade auch mit Rücksicht auf die Feldaist von Stirnflüssen spricht, „die räuberisch in das Bereich der Abdachungsflüsse eingedrungen sind", so trifft diese Feststellung an der südböhmischen Pforte in umgekehrter Richtung zu. Auch für die Feststellung L. PUFFERS (a. a. O. S. 166), daß der Oberlauf der Feldaist einst dem Stegmühlbach angehört hätte, sehe ich keinerlei Anhaltspunkte in der Landschaft.

2. Stellung der jungtertiären Ablagerungen zu den verschiedenen Formelementen der Landschaft.

Es lassen sich also in der südböhmischen Pforte folgende Hauptphasen in der Entwicklung der Landschaft erkennen:

1. Ausbildung der 700-m-Fläche durch Einebnungsvorgänge in der tektonisch angelegten Pforte zwischen Leonfelden und Freistadt.

2. Ausbildung der 650-m-Fläche bei Oberhaid und Zurückschieben der Wasserscheide gegen S, gleichzeitig auch Zerschneidung der 700-m-Fläche durch den Jaunitzbach, infolge Tieferlegung der örtlichen Erosionsbasis beim Einbruch der Freistädter Senke.

3. Junge Zerschneidung der 650-m-Fläche durch den Stegmühlbach und seine Zuflüsse.

Nun gilt es, die Stellung der jungtertiären Ablagerungen zu diesen Phasen festzustellen. Wenn diese niemals auf der 700-m-Fläche auftreten, so ist das nur so zu erklären, daß sie auch niemals auf ihr abgelagert wurden. Sonst wären wohl an verschiedenen Stellen wenigstens einzelne Reste aufzuspüren gewesen. Die Schotter und Sande finden sich vielmehr ausschließlich auf der 650-m-Fläche von Oberhaid, auf der nur ganz wenig in die 700-m-Fläche eingesenkten Talwasserscheide bei Summerau, im tiefen Tal des Jaunitzbaches und in der weiten Freistädter Senke, also durchweg auf Flächen und in Hohlformen, die jünger sind als die 700-m-Fläche.

Die Ablagerungen beschränken sich außerdem auf den Talzug Jaunitzbach-Pirau, fehlen aber in der ungefähr gleichartigen Furche, die von Summerau unmittelbar gegen NW führt (Süßengraben).

Unmittelbar auf der heutigen Hauptwasserscheide nördlich von Summerau füllen die Sande und Schotter eine alte Talmulde aus, aus der sie noch nicht wieder ganz entfernt worden sind, obwohl von zwei Seiten her Jaunitzbach und Hainbach an ihrer Ausräumung arbeiten.

So liegen die Tatsachen. Ich glaube nun, folgenden Ablauf der Ereignisse erkennen zu können. Ursprünglich lag im Raume nördlich von Freistadt durch lange Zeiträume hindurch eine Wasserscheide, von der weg die Entwässerung einerseits nach S, andererseits gegen NW zu erfolgte. Die hierhin abfließenden Wasser wurden aber noch nicht von dem heutigen meridionalen Moldaulauf gesammelt, sondern zogen weiter gegen NW. Vielleicht ergossen sie sich in das Becken von Unterwuldau-Oberplan, über dessen ursprüngliche Entwässerung ich allerdings kein eigenes Urteil habe.

Infolge von Krustenbewegungen in Südwestböhmen kam es zu einer Umkehr der Entwässerungsrichtung und im Zusammenhange damit zunächst zur Bildung stehender Gewässer. Darauf deuten die feinen weißen Sande südlich von Hohenfurth hin. Infolge einer Art Kippung ging nach dieser Übergangsphase die Entwässerung Südwestböhmens durch die Feldaistsenke gegen S. Dadurch wurde nach der Ausbildung der 650-m-Fläche und des Jaunitzbachtales die Erosionstätigkeit der Flüsse im Gelände beiderseits der alten Wasserscheide und damit deren Kampf um diese selbst unterbrochen und durch eine Aufschüttungsperiode abgelöst.

Schließlich wurde dieser Moldau-Aistfluß von N her durch den jetzigen meridionalen Moldaulauf angezapft und abgelenkt, wodurch sich die heutigen Entwässerungsverhältnisse herausbildeten.

Mag dies alles vorläufig auch noch nicht völlig beweisbar sein, so ist jedenfalls das eine um so sicherer, daß die Entwässerung einmal über die heutige Wasserscheide hinwegging. Dies gälte sogar für den Fall, daß der Schotterstreifen von Summerau nicht von einem bestimmten Flusse stammte, sondern nur ein Überbleibsel einer einstmaligen rein örtlichen Ablagerung wäre, wie dies H. REININGER für die Freistädter Senke annimmt (a. a. O. S. 503), oder aber auch der letzte Rest ehemals überall verbreiteter Ablagerungen, wie L. PUFFER glaubt (a. a. O. S. 147).

In diesem Punkte liegen die Verhältnisse auf der Donau-Moldau-Wasserscheide in der südböhmischen Pforte viel klarer als bei dem anderen Fall einer Entwässerung Böhmens gegen S, nämlich in Südostböhmen. Dort hat A. GRUND (Die Pfingstexkursion der Prager Geographen in das niederösterreichische Waldviertel 10. bis 13. Mai 1913. Geogr. Jahresber. aus Österreich XI. 1915, S. 168) eine ehemalige Entwässerung der Wittingauer Beckenlandschaft gegen das Wiener Becken nachweisen können. Er fand nämlich bei Stölzles östlich von Gmünd auf der Wasserscheide in 540 m Höhe Sande mit Quarzgeröllen, die einem alten Lainsitzlaufe entsprechen. Die alten Flußablagerungen sind aber hier viel unbedeutender als bei Summerau. Ich selbst konnte bei Stölzles zwar gelegentlich schön gerundete Quarzgerölle auf den Äckern finden, in den verschiedenen Aufschlüssen aber immer nur wieder das anstehende Grundgebirge oder dessen Verwitterungsprodukte. Bei dem oft raschen Wechsel der Aufschlüsse will das aber natürlich gegen die Zuverlässigkeit der Beobachtung von A. GRUND nichts besagen.

3. Krustenbewegungen nach Ablagerung der Schotter.

Ergeben sich vorläufig noch unlösbare Fragen, wenn wir die jungtertiären Ablagerungen von Summerau gegen N zu verfolgen, so nicht minder, wenn wir uns nach S gegen die Freistädter Senke wenden. Die Oberfläche der Schotter liegt nördlich von Summerau etwa 670 m, westlich unterhalb von St. Peter 620—630 m, im Freistädter Becken unmittelbar anschließend aber nur 560 m hoch. Diese verschiedenen Höhenlagen können unmöglich eine unveränderte einheitliche Aufschüttungsfläche widerspiegeln. Die heutige Oberfläche der Schotter ist entweder das Ergebnis einer nachträglichen Ausräumung einer einst bis etwa 670 m Meereshöhe hinaufreichenden Zuschüttung oder aber sie entspricht ungefähr der ursprünglichen Aufschüttungsfläche, deren einzelne Teile aber später durch Krustenbewegungen in verschiedene Höhe zu liegen kamen.

Zwei kleine Schotterreste sprechen dafür, daß die Freistädter Senke einst bis zu einer größeren Höhe aufgefüllt war, als die heutige Schotterverbreitung anzeigt. An der Straße von Lest nach Neumarkt findet sich ein kleines Schotterlager bei P. 569 westlich von Pernau. Es besteht aus zahlreichen gut gerundeten Quarzgeröllen und Granitgrus und liegt bereits auf der zur Kl. Gusen sich abdachenden Südseite des Sattels von Lest. Sind also die jungtertiären Sande und Schotter über den Sattel von Lest auch noch in das Gebiet der Kl. Gusen hinübergeschüttet worden? Ein weiterer Nachweis ließ sich dafür nicht erbringen. Nur nordwestlich von Matzelsdorf (südlich von Neumarkt) fand ich bei km 24,6 an der Westseite der Straße noch Quarzgerölle. Eine kleine Grube erschloß hier graublaue Verwitterungsprodukte des in situ zersetzten Granits, darüber 1—2 m zusammengeschwemmten Granitgrus, dem eine Anzahl schöner Quarzgerölle beigemengt waren. Da sich in nächster Nähe ein Haus befindet, muß hier mit der Möglichkeit einer künstlichen Verschleppung der Gerölle gerechnet werden.

Auf alle Fälle setzt sich die Hauptmasse der jungtertiären Ablagerungen gegen das Kefermarkter Becken hin fort. An dessen Südausgang liegt der zweite Punkt, der für eine einstmals höhere Zuschüttung spräche. Zwei Talfurchen setzen das Kefermarkter Becken nach S fort, die durch den bis 575 m aufsteigenden Rücken von Netzberg getrennt werden. Die Feldaist fließt zunächst auf die schotterbergende östliche zu, die von der Straße durchquert wird, wendet sich aber dann mit einem nahezu rechtwinkeligen Knick gegen W, durchbricht den Rücken von Netzberg an seiner höchsten Stelle und nimmt ihren weiteren Lauf in der Fortsetzung des westlichen Tales. Wenn dieser Durchbruch epigenetisch angelegt ist, und das scheint der Fall zu sein, müßte man ihn als Beweis für eine früher höher hinaufreichende Zuschüttung im Kefermarkter Becken und damit in der ganzen Freistädter Senke ansehen.

Im übrigen stehen aber einer solchen Annahme erhebliche Schwierigkeiten entgegen. Warum haben sich dann namentlich keine Schotter auf dem linken Ufer der Feldaist südlich von Freistadt oder auf den breiten Terrassen westlich von Lasberg erhalten? Dasselbe gilt übrigens auch für die Gegend von Oberhaid, wo sich die Schotter auch nur auf einem schmalen Streifen finden, während die übrigen Teile der 650-m-Fläche, vor allem bei Zwarmetschlag, schotterfrei sind.

Besonders auffällig ist der Höhenunterschied der obersten Schotter zwischen dem Jaunitzbachtal unterhalb St. Peter und dem Freistädter Becken. Er beträgt auf eine Strecke von nicht einmal 1 km über 60 m. Wenn wir eine ursprüngliche Schotterfüllung bis zu mindestens dieser Höhe annehmen wollten, warum sind dann die Schotter gerade im engen Jaunitzbachtal noch nicht ausgeräumt, während sie im Freistädter Becken über 560 m schon vollständig entfernt wären? Eine Antwort auf diese Frage läßt sich nicht geben.

Wir müssen daher annehmen, daß die verschiedene Höhenlage der Schotter im wesentlichen, wenn auch nicht völlig, ein Ergebnis nachträglicher Krustenbewegungen darstellt. Diese bestanden erstens in einer weiteren relativen Absenkung des im übrigen schon vor der Ablagerung der Sande und Schotter ausgebildeten Freistädter Beckens als Ganzen gegenüber dem nördlich anschließenden, vom Jaunitzbach durchschnittenen Gebiete, zweitens in einer Aufwölbung dieses nördlichen Gebietes im Bereich der heutigen Wasserscheide bei Summerau.

Da aber die 700-m-Fläche in der Gegend von Summerau nicht verbogen erscheint, so hat man vielleicht an eine Schwingung zu denken, die aus einer Einbiegung vor der Ablagerung der Schotter und aus einer nachfolgenden, diese wieder ausgleichenden Ausbiegung bestand. Dadurch wäre die 700-m-Fläche wieder in die ursprüngliche Lage gekommen. Anhaltspunkte in dieser Richtung bietet das Jaunitzbachtal, besonders beim Ramelbauer. Auf Grund des dortigen, oben schon beschriebenen kleinen epigenetischen Flußdurchbruches können wir ja folgende Vorgänge ableiten: Eintiefung des Tales bis annähernd zur heutigen Tiefe; Ausfüllung durch mächtige Schottermassen im Zusammenhange mit einer Senkung; nachträgliche Ausräumung des größten Teiles der Talverbauung infolge einer relativen Hebung gegenüber der Freistädter Senke. Ich möchte diese Ansichten aber einstweilen nur als vorläufige Arbeitshypothese aufgefaßt wissen. Sicher erscheint mir daran die Tatsache einer Aufwölbung im Bereiche der Wasserscheide nach Ablagerung der Schotter. Diese hat wohl auch die endgültige Umlenkung des alten Moldau-Aistflusses gegen N begünstigt.

4. Der meridionale Moldaulauf bei Rosenberg.

Mit der vorausgehenden Kennzeichnung des mutmaßlichen Entwicklungsganges der Landschaft an der Donau-Moldau-Wasserscheide sind aber die Fragen noch nicht erschöpft. Vor allem die morphologischen Verhältnisse an der Moldau selbst bedürfen noch einer kurzen Beleuchtung.

Hier müssen sich nach Ablagerung der Schotter noch ausgiebige Veränderungen in der Landschaft vollzogen haben. Zum Beweise dafür drei Tatsachen:

a) Die breite 650-m-Fläche von Oberhaid und Zwarmetschlag müßte sich bei einer stabil gebliebenen Erdkruste in ansehnlicher Breite auch an den Gehängen des Stegmühlbaches durchverfolgen lassen. Statt dessen fällt das Talgehänge auf der Nordostseite steil und ungegliedert ab und auch auf der Südwestseite kann von einer durchziehenden Terrasse nicht gesprochen werden.

b) Das Moldautal ist vom Flußknie bei der Einmündung des Stegmühlbaches bis gegen Ottau mitten in den höchsten Teil der Landschaft eingeschnitten. Besonders gut ist dies an den westöstlichen Querschnitten durch den Wilentschner Berg und durch den Kerschbaumberg nördlich von Rosenberg zu sehen. Hier liegen die beiderseitigen Talränder bis zu 200 m über dem gegen außen zu anschließenden Gebiete (siehe Abb. 2, Seite 8).

c) Bei Rosenthal fließt der Moldau von O her der Altbach zu. Er hat sein Einzugsgebiet östlich des Kerschbaumberges und mußte sich durch höheres Gelände hindurch seinen Zugang zur Moldau schaffen.

Dies ist alles nur erklärlich, wenn man eine beträchtliche relative Heraushebung des Landstreifens entlang der Moldau annimmt. Aus den heutigen Erhebungsverhältnissen heraus wäre der meridional gerichtete Moldaulauf bei Rosenberg unverständlich.

Die Moldau hat die aufsteigende Scholle in antezedentem Lauf durchschnitten. Wie F. Machatschek mitteilt, erfolgte nach den Untersuchungen von J. Kubitschek die Tiefenerosion der Moldau in vier Phasen (Landeskunde der Sudeten- und Westkarpathenländer, 1. Bd., S. 240). Für die Strecke von Friedberg bis Krumau konnte ich mich aber von dieser Tatsache nicht überzeugen. Gewiß sind im Moldautal talabwärts von Hohenfurth verschiedene terrassenförmige Gehängeverflachungen und Verebnungen vorhanden: besonders ausgedehnt zwischen Hohenfurth und Rosenberg um Ruckendorf in 630 m Höhe, beim Medlitzhof nördlich von Rosenberg und wieder bei Ziering in 580 m Höhe. Flußablagerungen sind aber auf ihnen nicht anzutreffen. Es scheint mir überhaupt fraglich, ob es sich hier und an anderen Stellen um echte Flußterrassen handelt. Über der breiten Ebenheit von Ruckendorf z. B. erhebt sich der Kühberg mit einem so schroffen und ungegliederten Hang, daß ich ihn lieber für eine Bruchstufe halten möchte als für ein einfaches Talgehänge.

5. Auslösung von Krustenbewegungen durch Flußerosion.

Auch an anderen Stellen der Böhmischen Masse sind die Täler mitten in den höchsten Teilen der Landschaft angelegt. Teilweise handelt es sich dabei wohl um noch zu erwähnende rein epigenetisch eingeschnittene Durchbruchsstrecken. Mehrere Fälle können aber unmittelbar dem Moldautal bei Rosenberg zur Seite gestellt werden.

So ist der Haselgraben nördlich von Linz in der nordsüdlich verlaufenden Erhebungswelle des Lichtenberges, genauer an deren Ostabfall angelegt. Der Lichtenbergrücken erhebt sich ziemlich steil über die 590-m-Fläche, die den weiten Raum zwischen der Gr. Rodl und den Mühlflüssen einnimmt. Aber auch von O her steigt das Gelände gegen den Haselgraben zu bis gegen dessen Talrand an, wenn auch nicht zu so großer Höhe wie im W. Dadurch kommt der tiefe Haselgraben in die meridional streichende Zone höheren Landes zu liegen. Auch hier scheint die heutige Höhenverteilung das Werk nachträglicher Krustenbewegungen zu sein. Wären die jetzigen Erhebungsverhältnisse schon ursprünglich vorhanden gewesen, müßte das heutige Flußnetz hier ganz anders aussehen.

In ähnlicher Weise durchschneidet die Schwarze Aist nordöstlich von Prägarten beim Guttenbrunner Berg die höchste Erhebung. Die beiderseitigen Talränder erscheinen geradezu aufgestülpt.

Auch die Aschach durchsägt zwischen Waizenkirchen und dem Eferdinger Becken den breiten trennenden Granitsporn am Mairhofer Berg (655 m) an der höchsten Stelle. Kleinere Beispiele wären noch mehrere anzuführen.

In diesen Fällen sind nach der Anlage der Täler noch Hebungen der Erdkruste eingetreten, die der Fluß in antezedentem Laufe durchschnitt. Es ist wohl kaum ein Zufall, wenn gerade unmittelbar an den Rändern von tieferen Taleinschnitten die höchsten Erhebungen der benachbarten Landschaft liegen. Vielmehr besteht hier wahrscheinlich eine ursächliche Beziehung in der Weise, daß die Hebungen durch die Erosion der Flüsse erst ausgelöst wurden, wenn deren Talkerben schn eine gewisse Tiefe erreicht hatten.

Auf die Beeinflussung der Tektonik durch Flußkerben hat erstmals schon O. Ampferer (Über einige Beziehungen zwischen Tektonik und Morphologie. Zeitschr. für Geomorphologie I, 1925/26, S. 96) in einer an Anregungen überreichen Abhandlung am Beispiel des Schweizer Jura hingewiesen. Seine Gedankengänge finden sich nun auch im Granithochlande der Böhmischen Masse bestätigt.

Freilich wird man der Flußerosion nur die Rolle eines auslösenden Moments bei schon bestehenden Spannungen in der Erdkruste zubilligen dürfen. Sonst müßten ja überall bei den tiefen Kerbtälern des Mühlviertels solche nachträgliche Hebungen eingetreten sein, was aber nicht der Fall ist.

C. Das Maltschgebiet.

Die Verbreitung der alten Flußablagerungen in der Feldaistsenke hat uns nach NW gewiesen und bis in die nächste Nähe der Moldau geführt. Im Großen betrachtet, setzt sich aber die Feldaistsenke nicht entlang der Moldau fort, sondern findet ihr Gegenstück in Südböhmen in der Maltschfurche, die im N gegen das Budweiser Becken ausmündet. Es lag nahe, zwischen dem nördlichen und südlichen Teil der langgestreckten Zone tieferen Landes, die das Donaugebiet mit der südböhmischen Beckenlandschaft verbindet, auch genetische Zusammenhänge zu vermuten. Wenn dies auch in Wirklichkeit nicht der Fall ist, so verlangte doch eine Untersuchung der Feldaistsenke gebieterisch nach einer Erweiterung gegen N. Nur in Kürze soll auf die dabei gewonnenen Beobachtungen eingegangen werden. Ich gebe auch hier zunächst wieder eine Übersicht über die Verbreitung alter Schotter.

1. Die alten Schotter im Maltschgebiet.

Den Oberlauf der Maltsch, der auf eine lange Strecke die Staatsgrenze bildet, habe ich aus begreiflichen Gründen nicht genauer untersuchen können. Aber schon um Unterhaid treten große Schotterlager auf. Hier scheint gleich südlich des Ortes an der Straßengabelung eine Ziegelei gewesen zu sein. Die ausgedehnte, flache, größtenteils verwachsene Grube besitzt mehrere frische Aufschlüsse. Sie zeigen etwa 2 m mächtigen Lehm mit Quarzgeröllen bis zu Kopfgröße, gelegentlich sogar mit einem Durchmesser von ½ m. Die Schotter sind in der Hauptsache bloß kantengerundet. Die vollkommenste Rundung weisen die großen Gerölle auf. Nördlich der Straße nach Zartlesdorf kommt unter einer dünnen Lehm- und Schotterdecke stark aufgelockerter Granit zum Vorschein. Ähnliche Ablagerungen sind auch weiter östlich gegen Reichenau zu überall anzutreffen. Ihre Höhenlage ist 620—630 m.

Von hier nordwärts setzen die Schotter eine Strecke aus. Vor allem sind die Terrassen bei Schömersdorf frei von ihnen. Dafür erreichen sie westlich der Maltsch nördlich von Einsiedel wieder große Verbreitung. Auf der 610 m hohen Terrasse beim Lausecker ist eine Decke von lehmig-sandigen Ablagerungen mit Quarzgeröllen an mehreren Stellen aufgeschlossen. Von hier sind sie bis gegen Gurenitz nordwärts zu verfolgen. Noch bedeutender ist das Schotterlager im Walde beim Weidließer (584 m) nördlich von Jeschkesdorf, dessen Fläche selbst schotterfrei ist. Die Quarzgerölle sind hier ziemlich gut gerundet. Die breite Fläche nördlich vom Weidließer ist ohne Schotter, die sich erst unmittelbar südöstlich von Kaplitz auf den Äckern wieder feststellen lassen.

Ausgedehnter ist das Vorkommen junger Ablagerungen westlich von Kaplitz. An der Straße nach Kl.-Umlowitz erschließen mehrere bis zu 6 m tiefe Gruben weiße Sande, teilweise grobkörnig mit dazwischen gestreuten kantigen Quarzstücken, teilweise feinkörnig, überdeckt von einer etwa 2 m mächtigen Lehmschicht, die zur Ziegelbereitung verwendet wird. H. REININGER beschreibt aus diesem Gebiet ein Profil (a. a. O. S. 504). Er fand hier auch eine nur wenige Zentimeter dicke kohlige Schicht und vermutete das Vorhandensein eines Kohlenflözes. Tatsächlich wurde auch vor etwa zwei Jahrzehnten in einer dem Gastwirt Schauer von Kaplitz gehörigen Grube aus einem 36 m tiefen Schacht eine minderwertige Kohle zutage gefördert. Dieses Kohlenflöz liegt mit etwa 520 m Meereshöhe wesentlich höher als die Flöze des Budweiser Beckens und seiner Nachbarschaft, die in der Hauptsache eine Höhe von 390—420 m haben.

Auch nordwestlich von Kaplitz sind mehrere Sandgruben vorhanden, die im Hangenden eine ziemlich mächtige Schotterdecke tragen (rund 560 m hoch). Da unmittelbar am Nordwestausgange der Stadt das Grundgebirge ansteht, ist eine allzu große Mächtigkeit der tertiären Beckenfüllungen nicht anzunehmen.

Nördlich von Kaplitz treten Quarzschotter nur an vereinzelten Stellen auf. In etwa 560 m Höhe liegen sie am rechten Talgehänge südwestlich von Sohorsch. Ein größeres Schotterlager mit schön gerundeten Quarzgeröllen, eingebettet in hellrote Sande, findet sich in 580 m Höhe am Südausgang von Gr.-Poreschin. Auch östlich unterhalb dieser Ortschaft sind Quarzgerölle anzutreffen.

Weiter nördlich sind die gerade hier sehr breit ausgebildeten Flächen beiderseits der Maltsch bis über Welleschin hinaus überall schotterfrei. Erst in der Nähe der Einmündung der Řimauer Straße bei Holkau zeigen zwei Aufschlüsse wieder unregelmäßig geschichtete sandig-grusige Ablagerungen von rötlicher Farbe, vermischt mit mittelmäßig abgerollten Quarzen.

Weitere Schottervorkommen aus dem Raume zwischen Maltsch und Moldau erwähnte schon H. Reininger (a. a. O. S. 505) bei Mirkowitz, Mojne, Goldenkron und Řimau-Paschnowitz. Die Schotter auf der Terrasse zwischen Řimau und Paschnowitz weisen wie jene am Westausgang von Ober-Řimau in etwa 490 m Höhe nur schlecht gerundete Gerölle auf, darunter allerdings sehr schön abgerollte Quarze bis zu Doppelfaustgröße. Bei Goldenkron sind Quarzschotter südöstlich gegenüber vom Orte in einem Hohlweg beim Friedhof, nur bis etwa 20 m über der Moldau, aufgeschlossen. Bei Mirkowitz sind sie mit Tonablagerungen vergesellschaftet. Ein recht ansehnliches Schotterlager findet sich auch gegenüber von Mirkowitz südlich von Zaltschitz.

Von weitaus größerer Bedeutung sind die Schotterlager am Südrand des Budweiser Beckens, besonders um Steinkirchen und Bienendorf, im Borywalde und zwischen Prabsch und Payreschau. Sie reichen hier nur mehr ganz wenig über 500 m Meereshöhe empor. Westlich von Prabsch z. B., wo das Gelände etwas höher liegt, fehlen sie. Ein besonders großer Aufschluß findet sich am Ostsaum des Waldes auf dem Zahortschizer Berg am Wege von Prabsch nach Payreschau. Es handelt sich hier um mittelgroße, gut gerundete Quarzschotter, vermischt und wechsellagernd mit rostbraun gefärbten Sanden. Bezüglich der Schotter des Budweiser Beckens sei im übrigen auf die Angaben H. Reiningers verwiesen. Dieser verzeichnet auch bei Netrobitz in 630 m Höhe in rötliche Tone eingelagerte Kiesel, die aber schon ihrer Höhenlage wegen kaum mit den angeführten Schottern zusammengehören können. Ich fand übrigens ähnliche im Walde westlich von Trojern (nördlich vom

Bahnhof Zartlesdorf). An verschiedenen frisch ausgehobenen Gräben waren dort große scharfkantige Quarzblöcke von über 3 dm im Durchmesser neben ähnlich großen, vollkommen zugerundeten Geröllen zu sehen.

2. Die Hauptzüge der Landformung entlang der Maltsch.

Die Maltsch fließt in ihrem Oberlaufe südöstlich von Unterhaid in einer breiten Niederung. Mit schroffem, bis zu 200 m hohem Steilabfall erhebt sich südlich davon das Massiv des Leopoldschlager Berges. Nördlich des Maltschoberlaufes steigt das Gelände langsamer gegen ein reich gegliedertes Rücken- und Kuppenland an. Nordwestlich von Reichenau tritt der Fluß in ein tief eingeschnittenes Engtal ein. Er durchschneidet hier eine Zone höheren Landes, die die geräumigen Becken von Unterhaid-Reichenau im S und Kaplitz im N voneinander trennt. Im Kaplitzer Becken weitet sich das Tal. Nördlich von Kaplitz fließt die Maltsch aber neuerdings in einem tief eingeschnittenen Engtal dem Budweiser Becken zu.

Nördlich von Kaplitz ist das Gelände morphologisch von einer seltenen Einfachheit und Übersichtlichkeit. Beiderseits der Maltsch ziehen von S her zunächst noch höhere Erhebungen: im W die Poluska (918 m), im O die Hennberge (Kohout, 865 m). An sie lehnt sich eine 630-m-Fläche, westlich der Maltsch besonders um Netrobitz, östlich davon bei Johannesberg ausgebildet. Diese fällt mit steilen Rändern gegen eine weite Fastebene von etwa 550 m Höhe ab, die nahezu den ganzen Raum zwischen Maltsch und Moldau einnimmt und besonders zwischen Welleschin und Krumau schön entwickelt ist. Nur einzelne höhere Bergkuppen ragen bei Goldenkron und Breitenstein über sie auf.

An der Maltsch findet sich, besonders zwischen Řimau und Paschnowitz, eine 480-m-Terrasse. In derselben Höhe liegt das Gelände, hier schon großenteils im Bereich der tertiären Beckenfüllungen, bei Steinkirchen am Südrande des Budweiser Beckens.

Diesen drei Flächensystemen in 630, 550 und 480 bis 500 m Höhe kommt in der ganzen südböhmischen Beckenlandschaft und an deren Rändern die allergrößte Bedeutung zu. Wir finden sie besonders auch in der Gegend von Schweinitz und Gratzen deutlich entwickelt.

Das Maltschgebiet weist also im allgemeinen die Züge einer regelmäßigen und ungestörten fluviatilen Formung auf, im Gegensatz zur Feldaistsenke, wo tektonische Vorgänge an der Entwicklung der Landschaft starken Anteil genommen haben.

In der Verteilung der Schotter im Maltschgebiet besteht ebenfalls ein erheblicher Unterschied gegenüber der Feldaistsenke: hier eine streng streifenförmige Anordnung, dort jedoch nördlich des Kaplitzer Beckens eine Ausbreitung der Schotterreste über eine weite Fläche. Anscheinend war die ganze 550-m-Fläche von einer mächtigen Schotterdecke verhüllt, als deren Reste nur die schon angeführten Kieslager erhalten geblieben sind. Die Schotter von Zaltschitz und Mirkowitz, bei Mojne und Breitenstein wird man kaum als Ablagerungen der kleinen örtlichen Bäche auffassen können. Anders ist die Anordnung südlich des Kaplitzer Beckens, wo sie der Maltsch mit regelmäßigem Gefälle gegen N zu folgen. Für eine einstmals höher hinaufreichende allgemein verbreitete Zuschüttung bestehen in diesem Gebiete keinerlei Anhaltspunkte. Die Schotter entsprechen hier einem alten Maltschlauf.

H. Reininger hält die Schotter wie die anderen Ablagerungen des Budweiser Beckens für mittelmiozän (a. a. O. S. 510), ohne allerdings hierfür zwingende Beweise geben zu können. Die obersten Horizonte sind aber wohl auch hier pliozän.

Näher auf die Verhältnisse im Maltschgebiet einzugehen, verbietet sich hier, weil das nur im Zusammenhang mit einer Betrachtung des Budweiser Beckens geschehen könnte. Dazu stehen mir aber neue Beobachtungen nicht in ausreichendem Maße zu Gebote. Es kam mir auch nur darauf an zu zeigen, daß das Maltschgebiet eine ganz selbständige Entwicklung durchgemacht hat und in keinerlei Verbindung mit der Feldaistsenke stand. Beide waren, soweit wir überhaupt die Geschichte der Landschaft erkennen können, immer durch eine Wasserscheide voneinander getrennt.

D. Das Becken- und Schollenland am Südausgang der Feldaistsenke.

Ganz andere Probleme führt uns der Südausgang der Feldaistsenke vor Augen. Hier bietet sich ein überaus fesselnder Einblick in den Werdegang der Landschaft am Südrand der Böhmischen Masse.

Auf dem engen Raum, der sich ziemlich genau mit dem Blatt 4653/3 der Originalaufnahme 1 : 25000 deckt, erstreckt sich hier ein Gebiet, das an morphologischer Eigenart nicht so leicht wieder seinesgleichen findet (vgl. Tafel I).

1. Das System der Brüche.

Durch ein ganzes Netzwerk von Brüchen ist die Randzone des Mühlviertler Granithochlandes südlich von Prägarten und Gallneukirchen in eine ganze Anzahl von Schollen aufgelöst, zwischen die sich kammernförmig von tertiären Ablagerungen erfüllte Becken einschalten.

Die wichtigsten Brüche hat bereits E. NOWACK (Studien am Südrand der Böhmischen Masse. Verhandlungen der Geologischen Staatsanstalt, Wien 1921, S. 45) in einigen kurzen, aber inhaltreichen Sätzen mitgeteilt. Sie sind in der Hauptsache in vier verschiedenen Richtungen angeordnet, auf deren Bedeutung in der Tektonik des Mühlviertels H. COMMENDA schon 1884 hingewiesen hat (Materialien zur Orographie und Geographie des Mühlviertels. Mus.-Jahr.-Ber. XLII, S. 56f.): NW-SO, NO-SW, W-O, N-S.

a) Die größte Länge weisen zwei NW-SO streichende Brüche auf. Der eine begrenzt das langgestreckte, schmale Becken von Gallneukirchen-Kattsdorf an seiner Südwestseite. Der deutlich ausgebildete Bruchrand erreicht eine Länge von über 12 km. An mehreren Stellen ist er noch von tertiären Ablagerungen ganz oder teilweise verdeckt, so bei Haid südlich von Gallneukirchen, noch mehr bei Gruckenberg südöstlich der Gusen und auf dem Hochfeld südöstlich von Marbach. Besonders scharf ist er bei Wolfing, bei Thal und an den Eintrittsstellen der Gusen und des Marbaches in ihre Durchbrüche ausgeprägt. Der ungegliederte Steilabfall erhebt sich hier mauerartig 80—100 m über den Boden der Beckenlandschaft.

Wenig kürzer ist der zweite, herzynisch streichende Bruch, der von Prägarten geschlossen bis an den Kettenbach zieht. Hier wird er durch den gleich zu erwähnenden Altaistbruch verworfen. Dadurch erreicht der sichtbare Bruchrand eine Höhe von nahezu 200 m. Er streicht am Straßenknie südwestlich von Allerheiligen allmählich aus. Gerade in diesem südöstlichen Stück macht sich der hohe, meist bewaldete Steilabfall im Landschaftsbilde stark geltend. Nach H. V. GRABER (Das Alter der herzynischen Brüche. Mitt. der Geol. Ges. Wien 1926) kommt den herzynischen Brüchen am Südrand der Böhmischen Masse wahrscheinlich spätoliogozänes Alter zu (vgl. Tafel II/1).

b) In W-O-Richtung streicht der Bruch von Altaist. Der sichtbare Bruchrand setzt in Form eines Steilabfalles westlich der Ortschaft Altaist ein und zieht, an Höhe zunehmend, bis an die Kettenbachsenke, an deren Südwestrand er unvermittelt abbricht. Besonders steil fällt die Kuppe 459 westlich von Altaist gegen N zu ab, so daß es hier sogar zur Bildung kleinerer Felswände kommt; ähnlich ist es bei Thal westlich des Aistdurchbruches, wo sich auch größere Blockhalden am Fuße der Wand angesammelt haben. Einer Verwerfung entspricht vielleicht auch der kleine Steilabfall von Reithern (428 m) gegen die Platte von Haid (390 m), südlich oberhalb von Schweinbach. Es scheint sich hier um eine westliche Fortsetzung des Altaistbruches zu handeln, dem vielleicht auch der Nordabfall des Pfenningbergstockes noch entspricht.

c) Wesentlich kürzer, aber ebenfalls sehr gut ausgeprägt ist der NO-SW streichende Bruchrand nordwestlich unterhalb von Allerheiligen. Er bildet die scharfe Südostgrenze der Kettenbachsenke, ist aber nur ungefähr 2 km lang.

Westöstlich streicht auch der Steilabfall bei Hagenberg westlich von Prägarten, der ebenfalls auf eine Verwerfung zurückgehen dürfte, und der schroffe Südabfall des Schweinbacher Waldes (456 m) an der Westseite des Gallneukirchener Beckens.

d) Einer N-S ziehenden Verwerfung entspricht der steile Westabfall des Hohensteins (521 m). Der ganze Bruchrand vom Schweinbacher Wald im N bis zum Luftenberg im S erreicht eine Länge von über 7 km. Hierher muß auch der Westabsturz des Pfenningbergs (615 m) zur Donau gezählt werden. Möglicherweise folgt auch das gerade, von St. Georgen nordwärts ziehende Tal einer Verwerfung.

Im Gegensatz zu diesen gerade verlaufenden Strukturlinien ist der Abbruch des Massivs gegen die Donau ziemlich unregelmäßig und im allgemeinen auch nicht besonders steil.

2. Die tektonischen Schollen.

Durch dieses System teilweise sich kreuzender Brüche ist die Randzone der Böhmischen Masse in folgende deutlich ausgeprägte Schollen getrennt worden:

a) den Pfenningbergstock, eine stark herausgehobene Keilscholle mit steilem Abfall gegen W zur Donau und flacherem gegen O zum Reichenbach.

b) die Hohensteinscholle, in ihren rohen Umrissen ungefähr ein Dreieck, dessen Eckpunkte durch Schweinbacher Wald, Luftenberg und Mauthausen gebildet werden. Ihre Ausdehnung ist sehr bedeutend.

c) die rhombusartige, vom Josefstal nördlich von Schwertberg durchbrochene Josefstaler Scholle. Sie ist eine Keilscholle, deren Nord- und Nordostseite durch Bruchränder gebildet werden. Gegen SO zu hängt sie mit dem weiten Granitplateau beiderseits der Naarn zusammen; gegen SW taucht sie unter die jüngeren tertiären und diluvialen Ablagerungen unter.

d) die Wartbergscholle. Sie setzt im O am Bruchrand zwischen Prägarten und Stranzberg ein und zieht in 2—3 km Breite gegen W. Östlich von Schweinbach gehört ihr der 378 m hohe Granitrücken an, der das Becken von Gallneukirchen von dem von Kattsdorf trennt. Weiter gegen W entspricht ihr der Schweinbacher Wald. Die Wartbergkuppe selbst mit dem 477 m hohen Calvarienberg stellt eine beulenförmige Erhebung dar, die die ringsum liegenden Beckenlandschaften weit überragt und daher auch eine prächtige Aussicht gewährt.

3. Die Einbruchsbecken.

Durch die gekennzeichneten Schollen und die Ränder des angrenzenden unzerstückelten Granithochlandes begrenzt, liegen schmale, langgestreckte Becken, die von tertiären Ablagerungen erfüllt werden.

Am stärksten abgeschlossen ist die nahezu talartig enge Senke südöstlich von Prägarten, die nach ihrem Hauptbach als Kettenbachsenke benannt werden möge. Trotz ihrer Abgeschlossenheit und Enge finden sich in ihr längs ihrer ganzen Erstreckung weißgraue, feinkörnige Sande, die den untermiozänen Sanden von Linz und Melk entsprechen. Auch E. NOWACK sprach ohne nähere Angaben von Tertiärresten in der abgesunkenen Scholle der Gegend von Tragwein (a. a. O. S. 45). An mehreren Stellen sind die Sande gut aufgeschlossen, so verschiedentlich gleich nordwestlich der Straße Tragwein-Schwertberg in der Nähe der großen Kaolinlager, beim Hof in der Öd und beim Grübler. Bemerkenswert ist in dieser Hinsicht besonders die Umgebung von Stranzberg. Dieser Ort liegt auf einer Granitkuppe, die mit einem deutlichen Steilabfall gegen die breite Fläche bei der Kapelle 368 m abbricht. Der Abfall setzt sich auch gegen SO trotz geringer Höhe gut erkennbar fort. Vom Bauernhaus bei P. 382 beginnt der deutlich herausgearbeitete Bruchrand, an dessen Abfall überall der anstehende Granit zum Vorschein kommt. Das ganze Gelände am Fuß des Steilabfalls setzt sich hingegen aus Tertiärsanden zusammen. Den besten Aufschluß bietet die mächtige Sandgrube nördlich unterhalb der Kapelle bei P. 368. Zwischen die weißen Sande schalten sich hier stellenweise gröbere Schichten ein, die größere Granitgerölle bis über Faustgröße enthalten. Mehrere Sandgruben liegen auch weiter östlich beim Lettner, besonders auch im Walde südlich gegenüber diesem Bauernhaus.

Diese nicht ausgeräumten Sandmassen von Stranzberg zerlegen die tektonisch einheitliche Kettenbachsenke in zwei hydrographisch getrennte Teile.

Gegen NW schließt sich zunächst die beckenartige Weitung bei der Pfannlmühle (auf der Karte Knittlmühle) an. Weiter gegen Prägarten zu verengt sich die Senke zu einem schmalen Graben, der aber ebenfalls von Tertiärsanden erfüllt ist. Besonders in der kleinen Erweiterung östlich von Prägarten sind die Sande in großem Umfange erhalten. Ein großer Aufschluß liegt namentlich genau östlich vom Nordausgang Prägartens. Im obersten Teil des dortigen Quelltrichters kommt aber wieder der Granit zum Vorschein. Das nördlichste Vorkommen mariner Tertiärablagerungen stellen meines Wissens die Sandlager nördlich von Prägarten dar, an der Stelle, wo die Straße nach Kefermarkt die Eisenbahn überschreitet. Wie bei Stranzberg führen auch hier die feinkörnigen weißen Sande grobkörnige Zwischenschichten, in denen die einzelnen Quarzkörner Haselnußgröße erreichen; daneben finden sich größere Granitgerölle bis zu Hühnereigröße, die aber durchaus stark verwittert sind. Der Bahneinschnitt beim Wächterhaus Nr. 679 ist in den Sanden angelegt.

Auch auf dem Boden von Prägarten selbst, schon außerhalb der Kettenbachsenke, waren bei Bauarbeiten gelegentlich Sande aufgedeckt. Vermutlich reichen die tertiären Ablagerungen auch noch ein Stück unter den jetzigen Boden der Kettenbachsenke hinab.

An zwei Stellen ist es bei der Wiederausräumung der Senke zu kleinen epigenetischen Durchbrüchen gekommen. Der eine liegt nordwestlich der Pfannlmühle, wo von N her ein kleiner Granitsporn vorspringt, der vom Bach durchschnitten wird. Etwas größer ist der Durchbruch des Kettenbaches westlich der Straße Tragwein-Schwertberg beim Innermühlberger. Der Kettenbach trennt hier durch ein kurzes Engtal einen 20 m hohen Granitrücken vom Nordgehänge ab. Er hat im Durchbruch ein stärkeres Gefälle und fließt rauschend über die zahlreichen Felsblöcke seines Bettes hinweg, während er sich talauf- und -abwärts trägen Laufes durch die Wiesen schlängelt. Wie fast immer bei solchen kurzen Durchbruchstälchen, wird das Gefälle auch hier durch eine Mühle ausgenutzt.

Viel bedeutender ist das Becken von Gallneukirchen-Kattsdorf, dessen Landschaft die typischen Formen eines Tertiärhügellandes aufweist, besonders westlich von Kattsdorf und um Ried. Sogar die bezeichnende Erscheinung der ungleichseitigen Talquerschnitte findet sich hier, in besonders schöner Weise bei Thal, südwestlich von Kattsdorf. Die Umgebung von Ried gehört zu den einförmigsten Tertiärlandschaften Oberösterreichs, mit sehr sanft geformten breiten, niedrigen Rücken, weiten, muldenförmigen Tälern, ohne schärfere Einrisse.

Die Beckenausfüllungen bestehen auch hier hauptsächlich aus Sanden, die besonders östlich von Lungitz, um Klendorf und um Gallneukirchen weit verbreitet sind. Von hier aus reichen sie über den Linzerberg und durch das Becken von Treffling bis in die Linzer Bucht nach W. Im Becken von Radingdorf östlich von Gallneukirchen und am Nordfuße des Wartberges sind mehrfach Tone aufgeschlossen.

Westlich von Klendorf steht im Wäldchen am Fuße des Steilabfalls bei Wolfing ein dunkler, blätteriger Mergel an. Auch um Ried sind an mehreren Stellen fast schwarze Mergel und Tone mit zahlreichen Glimmerblättchen feststellbar. Nach dem Weltkriege hat man hier verschiedentlich nach Kohle gebohrt, allerdings ohne Erfolg. Ein kleines, ½ m mächtiges Flöz soll früher beim Neuhofbauer in Obenberg abgegraben worden sein.

In der Gegend der Haltestelle Kattsdorf reicht der Granit bis nahe an die Gusen heran. Südlich des Bahnhofes Gaistbach-Wartberg erstrecken sich die tertiären Schichten weiter gegen O in das Becken von Aistbergthal. Aufschlüsse finden sich hier freilich nur spärlich. Am Ostende der Ortschaft Altaist liegt über tiefgründig aufgelockertem bläulichem Granit eine 1—2 dm dicke Schicht von überwiegend gut abgerollten Quarz- und Granitgeröllen, darüber 1 m weiße Sande. Ein ähnlicher Aufschluß mit wechsellagernden weißen Sanden, Quarz- und Granitgeröllen liegt südöstlich unterhalb von Hochstraß. Größere Granitstücke, besonders aber kugelförmige Gerölle, deuten hier auf strandnahe Bildungen hin.

Wenn sich auch die tertiären Ablagerungen im wesentlichen nur in den Becken finden, so greifen sie doch auch noch jetzt an verschiedenen Stellen über die Beckenränder hinweg, so nördlich von Prägarten, besonders aber östlich oberhalb St. Georgen um Gruckenberg.

Der ganze Südrand der Böhmischen Masse war seinerzeit wohl ziemlich vollständig von den Ablagerungen des miozänen Meeres verhüllt worden. Erst die folgende Abtragung hat die Granitschollen größtenteils wieder freigelegt.

Große Reste von Tertiärsanden haben sich besonders am Rand der Donauebene erhalten, so am West- und Südabfall des Pfenningberges, um St. Georgen und Perg. Nördlich von Steyregg ist an der Westseite des Finstergrabens eine schöne Strandbildung bloßgelegt: südwärts einfallende weiße Sande mit großen kugeligen Granitblöcken.

In welcher Höhe wir heute die Strandlinie des miozänen Meeres zu suchen haben, läßt sich noch nicht mit Sicherheit entscheiden. H. Hassinger (Die mährische Pforte. Abhandl. der Geogr. Ges. Wien XI/2 1914, S. 98) fand am Ostrand der Böhmischen Masse die obere Grenze des Abrasionsphänomens in Mähren und Niederösterreich in 500—530 m Höhe. Es konnten aber auf den über 500 m hoch gelegenen Abrasionsformen keine fossilführenden Strandbildungen nachgewiesen werden.

Am Südausgang der Feldaistsenke stellt anscheinend die mehrere Kilometer breite zerschnittene Platte von Zell bei Zellhof in rund 580 m Höhe die vom miozänen Meere geschaffene Abrasionsfläche dar. Nur wenig höher, rund 590 m, ist eine ähnliche Platte auch am Massivrand westlich von Linz zwischen Rodl und Mühl entwickelt. Es hat den Anschein, als wäre das Mühlviertler Granitplateau stärker herausgehoben worden als die Randzone der Böhmischen Masse weiter im O. Freilich ist dabei zu betonen, daß auch am oberösterreichischen Massivrand nirgends marine Ablagerungen in über 500 m Höhe anzutreffen sind. Am nächsten kommen sie dieser Höhe in der Gegend westlich von Münzkirchen im unteren Innviertel (Schliergruben bei Salling).

4. Die epigenetischen Durchbrüche.

Bei der Wiederaufdeckung des alten Reliefs mußte das davon unabhängig auf der alles verhüllenden Aufschüttungsfläche angelegte junge Flußnetz an verschiedenen Stellen in Widerspruch mit den ursprünglichen alten Formen kommen. Entsprechend den verschiedenen Brüchen ziehen ja die alten vormiozänen Tiefenfurchen in der Hauptsache in der Richtung NW-SO oder W-O, das nachmiozäne Flußnetz hingegen ist gemäß der allgemeinen Landabdachung nordsüdlich angeordnet. Infolgedessen ziehen jetzt die Flüsse unbekümmert quer über die Becken und die diese trennenden Schollen hinweg, umgekehrt aber stellen die alten Senkungsbecken keine hydrographischen Einheiten dar.

Die Kettenbachsenke wird durch den Riedel von Stranzberg geteilt. Das Becken von Aistbergthal wird nicht zum Becken von Gallneukirchen-Kattsdorf entwässert. Es ist seinerseits durch den Rücken beim Stangl und Haslinger in zwei verschiedene hydrographische Kammern geteilt. Vom Gallneukirchener Becken ist das Teilbecken von Radingdorf im O und das von Treffling im W hydrographisch geschieden. Schließlich ist das Gallneukirchener Becken durch den Granitrücken östlich von Schweinbach auch vom Kattsdorfer Becken getrennt; freilich werden beide durch die Gusen zusammengeschlossen, die aber, streng genommen, diese Verbindung durch ein außerhalb der Senke liegendes Durchbruchstal herstellt. Das Einzugsgebiet des Marbaches bei Ried im SO ist vollends selbständig.

Die Flüsse gewinnen heute nach dem Verlassen des tektonisch nicht zerstückelten Granithochlandes den Zugang zur Donau in einer bunten Folge von Talweitungen in den mit tertiären Ablagerungen erfüllten Becken und epigenetisch in die dazwischen aufragenden Granitschollen eingeschnittenen Engtälern.

Hier sind zunächst die Durchbrüche der Gusen und des Marbaches durch die Hohensteinscholle zu erwähnen, die ich schon früher in einem anderen Zusammenhange beschreiben konnte (Durchbruchstäler am Südrand der Böhmischen Masse in Oberösterreich. Veröffentlichungen des Institutes für ostbairische Heimatforschung 1, S. 16—20).

Sowohl die Große wie auch die Kleine Gusen durchbrechen bei ihrem Wege aus dem Becken von Gallneukirchen-Radingdorf den westlichen Teil des Wartbergrückens. Der Durchbruch der Großen Gusen ist hier nur kurz. Hingegen verdient jener der Kleinen Gusen als ein Musterbeispiel einer Epigenese eine kurze Beschreibung.

Der Fluß durchschneidet den Wartbergrücken südlich der Weiglmühle nämlich nicht nur auf dem längsten, hier möglichen Weg, sondern überdies auch noch in seinem höchsten Teil.

Südöstlich der Weiglmühle liegen noch überall tertiäre Beckenausfüllungen, die dem Flusse ein leichteres Arbeiten ermöglicht hätten. Er tritt aber anstatt dessen schon weiter nördlich bei der Weiglmühle in den Granit ein. Auf der Westseite des Engtals senkt sich das Gelände zu einer ziemlich tiefen Mulde ab, die gegen Engerwitzdorf gerichtet ist. Die Gusen selbst fließt aber gegen Süden abermals durch eine höhere Granitkuppe hindurch. Der Widerspruch des Durchbruches der Kleinen Gusen mit dem heutigen Relief könnte also kaum größer sein.

Besonders lehrreiche Verhältnisse bietet der Lauf der Aist. Ihr epigenetisches Tal beginnt schon nördlich von Prägarten. Hier wäre dem Flusse ein leichter Zugang zur Kettenbachsenke an dem Sattel geboten gewesen, den heute die Bahn benutzt, um aus dem nördlichsten Teil der Kettenbachsenke in das Aisttal zu gelangen. Die Aist durchfließt hier die westlich anschließende höhere Granitplatte.

Ein zweites Mal führt ein niedriger Sattel beim Bahnhof Prägarten in das Becken von Radingdorf gegen W. Die Aist durchstößt aber hier den Wartbergstock, und zwar ist merkwürdigerweise ihr Durchbruch mitten in den Ostabfall der Calvarienbergkuppe eingeschnitten. Vom Ostrand ihres Engtales fällt das Gelände noch etwa 30 m zur angrenzenden Ebene des Prägartfeldes ab. Die Calvarienbergkuppe selbst (477 m) ragt 60—70 m darüber auf (Abb. 3).

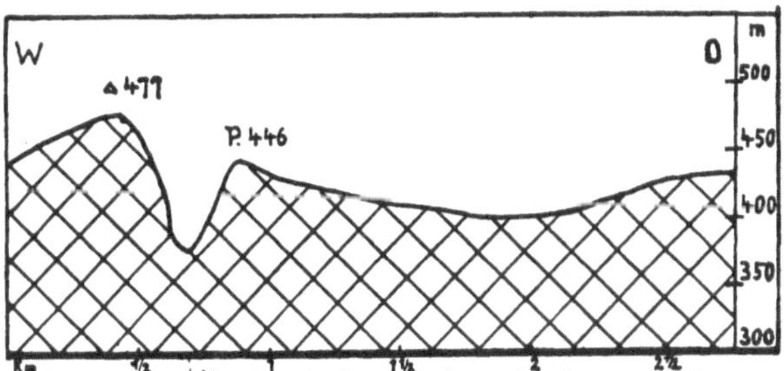

Querschnitt durch den Calvarienberg und den Aistdurchbruch bei Wartberg.
5-fach überhöht.

Abb. 3. (Orographisches Profil.)

Auch etwas weiter südlich liegt vor dem Austritt der Aist in das Becken von Aistbergthal noch einmal eine kleine selbständige Epigenese bei der Noitzmühle vor, wo der Fluß östlich von Altenhaus einen von N her vorspringenden Granitsporn abschneidet, anstatt bei Altenhaus schon in das Becken von Aistbergthal hinauszutreten.

Der längste Durchbruch ist das Josefstal zwischen der Einmündung des Kettenbaches und Schwertberg, ein bis 200 m tief eingeschnittenes, gegen 6 km langes Engtal mit steilen, teilweise felsigen Gehängen. Noch vorher vereinigt sich die Feldaist mit der Schwarzen Aist; diese verläßt das Granithochland bei der Pfannlmühle, quert die Kettenbachsenke und durchbricht westlich unterhalb von Stranzberg den südöstlichen Ausläufer der Wartbergscholle.

In einem ebenfalls epigenetisch angelegten Engtal fließt der vereinigten Aist der Kettenbach von O her zu. Dadurch wird die Aist zu einem ziemlich stattlichen Fluß, dessen etwa 1% betragendes Gefälle von der Papierfabrik Merckens auch industriell ausgewertet wird (vgl. Tafel II/2).

Die an sich nicht geringen landschaftlichen Schönheiten des Josefstals werden besonders durch die großen Steinbrüche beeinträchtigt.

Auf die beiden kleinen Epigenesen in der Kettenbachsenke wurde bereits verwiesen.

Morphologisch abwechslungsreich ist auch der Trefflinger Bach, der mehrere epigenetische Durchbrüche hintereinander durchfließt. Der oberste liegt bei den Höfen von Mitter-Treffling, nordwestlich vom Reckeneder. Das kurze Engtal ist hier in den Westabfall eines Granitrückens eingeschnitten, westlich von ihm liegt eine mit Tertiärsanden erfüllte Mulde.

Nach W zu schließt sich die beckenartige Weitung von Mitter-Treffling an, deren tertiäre Ablagerungen gegenüber vom Bauer auch aufgeschlossen sind. Dann folgt der kurze Durchbruch beim Wegnesseder. Nördlich davon liegt ein breiter Sattel, der die eigentliche Fortsetzung der Weitung von Mitter-Treffling ist. Im weiteren Verlaufe setzt sich diese in das Becken südwestlich vom Stadler, wo wieder Sande aufgeschlossen sind, und bis zum Auhof fort.

Auch der Katzbach, in den der Trefflinger Bach einmündet, gewinnt in einer mehrfachen Epigenese die Donauebene. Schon bei Elmberg führt ein niedriger Sattel gegen den Auhof, den auch die Straße benützt. Der Bach wendet sich aber in einem Durchbruch gegen SO, wo ihm gegenüber der Einmündung des Trefflinger Baches abermals ein Auslaß gegen W zur Verfügung gestanden hätte. Erst nach einem abermaligen Durchbruch verläßt er beim Orte Katzbach den Granit endgültig.

5. Von den Flüssen verlassene Talstücke.

Das heutige Talnetz darf nicht ohne weiteres mit dem nach dem Rückzug des Miozänmeeres auf dessen Ablagerungen neu angelegten gleichgesetzt werden. Mancherlei Anzeichen sprechen dafür, daß sich im Verlaufe der Talvertiefung auch verschiedene Veränderungen im Flußnetz vollzogen haben.

So dürfte wahrscheinlich der tief eingeschartete Paß, den die Straße von Tragwein nach Schwertberg zur Überschreitung der Josefstaler Granitscholle benutzt, durch einen alten Lauf des Kettenbaches geschaffen worden sein. Eine Anzapfung im Bereich der Senke lenkte den Kettenbach in einem Winkel von 120° nach NW zur Aist hin ab und setzte seinen ehemaligen Unterlauf außer Tätigkeit.

Ganz ähnlich liegen die Verhältnisse beim Sattel der Ortschaft Altaist, wo in den Bruchrand eine tiefe Kerbe gerissen ist. Es ist freilich schwer zu sagen, ob diese dem heutigen Abtragungszyklus angehört. Es könnte sich auch um einen wiederaufgedeckten vormiozänen Einschnitt handeln.

Ein ganz kurzes, außer Tätigkeit gesetztes Talstück liegt westlich von St. Georgen. Wie man besonders beim Anblick von N her erkennen kann, kehrt die kleine Granitkuppe 353 mit dem Pichlbauerhof dem Luftenberg einen Steilabfall zu, während sie sich nach O zu sanft abdacht. Sie stellt sich als ein Sporn des Luftenberges dar, der von ihm durch die Erosion eines Baches abgetrennt wurde, vielleicht durch einen alten Reichenbachlauf. Sicherer ist, daß die Feldaist von Prägarten gegen S zu früher ihren eigenen, selbständigen Weg zur Donau gehabt hat. Wie uns die Schotterflächen von Waxreith und in dem Tal, durch das die Bahn aus dem Becken von Aistbergthal gegen Mauthausen führt, erkennen lassen, war dabei ihr Lauf verschiedenen Verlegungen ausgesetzt.

Warum nun aber gerade die Schwarze Aist ihren Lauf zur Donau durch das Josefstal nicht nur beibehalten, sondern sogar schneller eintiefen konnte als ihre Nachbarflüsse, kann ich nicht entscheiden. Jedenfalls wurden Feldaist und Kettenbach schließlich von ihr in der Flanke gefaßt und zu ihr abgelenkt. Wie auf manche andere, ist auch auf diese Frage eine Antwort vielleicht von einer eingehenden petrographisch-geologischen Untersuchung des granitischen Grundgebirges zu erhoffen.

Alles in allem sehen wir also am Südausgang der Feldaistsenke eine enge Durchdringung alter und junger Formen. Im heutigen Landschaftsbilde finden sich neben wiederaufgedeckten Zügen eines uralten Reliefs junge, nachmiozäne Formen, verwaschen und sanft im Bereich der Beckenausfüllungen, schroff und unausgeglichen in den epigenetischen Durchbrüchen.

W. Klüpfel (Über Reliefmorphologie und zyklische Landschaftsgenerationen. Geol. Rundschau XVII, 1926, S. 401—17) hat für solche Landschaften den Ausdruck Schachtelrelief geprägt. Die Erscheinungen als solche sind aber im wesentlichen schon vor ihm genau untersucht worden, im Bereich der oberen Donau, dem Arbeitsgebiete KLÜPFELS, durch W. MECKENSTOCK (Morphologische Studien im Gebiete des Donaudurchbruches von Neustadt bis Regensburg. Mitteilungen des Vereins der Geographen an der Universität Berlin, 1915), in österreichischen Landschaften vor allem durch FR. X. SCHAFFER (Das Miozän von Eggenburg. Abhandlungen der Geol. Reichsanstalt XXII, Heft 4, 1914) in der Gegend von Eggenburg in Niederösterreich und durch J. SÖLCH (Epigenetische Erosion und Denudation. Geol. Rundschau IX, 1918, S. 161—177) in der Steiermark. Hier werden auch schon die verschiedenen morphologischen Fragen erörtert, die sich aus dem Nebeneinander der verschieden alten Formen ergeben. Besonders auch auf die Konservierung der alten Formen durch zeitweilige Zuschüttungen hat SCHAFFER (S. 46) mit großem Nachdruck hingewiesen. Auch J. SÖLCH erklärte das jugendliche Gepräge des seiner ersten Anlage nach altmiozänen Abfalls des Steirischen Randgebirges durch die Zuschüttung, die ihn vor der Zerstörung schützte (Das Grazer Hügelland. Sitz.-Ber. der Akad. d. Wiss. Wien, math.-nat. Kl., 130. Bd., 1921, S. 269). Ähnliche Gedanken hat auch O. AMPFERER mehrfach geäußert. Wie jetzt W. KLÜPFEL, hatte J. SÖLCH schon mehrmals zu größter Vorsicht bei der Untersuchung von Flußterrassen in verschütteten und wiederaufgedeckten Landschaften gemahnt, da diese sowohl dem jungen wie dem alten Relief angehören können.

Ergebnisse.

1. Angefangen vom Moldauknie südlich von Rosenberg in Südböhmen, zieht ein zusammenhängender Streifen von fluviatilen Ablagerungen quer über die heutige europäische Hauptwasserscheide bei Summerau hinweg und setzt sich geschlossen durch das Jaunitzbachtal und die Freistädter Senke bis über Kefermarkt nach S fort. Entsprechende Schotterlager finden sich in der Nachbarschaft der Donau auf den Höhen nördlich von Schwertberg und Mauthausen. Diese Ablagerungen entsprechen einem alten Moldaulauf, der im jüngeren Tertiär, in der Hauptsache im Unterpliozän, Südwestböhmen gegen die Donau hin entwässerte. Diese gegen S zu erfolgende Entwässerung stellt aber nur eine verhältnismäßig kurze Episode in der Entwicklung des Flußnetzes Südwestböhmens und der Feldaistsenke dar. Wie jetzt, bestand auch vorher im Bereich der südböhmischen Pforte nördlich von Freistadt eine Wasserscheide.

Unmittelbar auf der Donau-Moldau-Wasserscheide liegen noch jetzt ziemlich mächtige, noch nicht wieder ausgeräumte Schottermassen in einer alten Talmulde nördlich von Summerau.

2. Die Formen der Landschaft im nördlichen Teil der Feldaistsenke und an der Moldau sind nicht das Ergebnis eines einfachen und ungestörten Zusammenwirkens der landabtragenden Kräfte. Vielmehr haben hier junge Krustenbewegungen einen starken Anteil an der Ausgestaltung des heutigen Landschaftsbildes. Eingebrochenen Krustenstücken, wie der Freistädter Senke, stehen herausgehobene gegenüber, so im Gelände östlich von Freistadt und entlang dem meridionalen Lauf der Moldau. Auf dem beschränkten Raum der Feldaistsenke und ihrer Nachbarschaft findet sich die von L. PUFFER für den Böhmerwald aufgestellte Schollenhypothese, freilich nur in ihrem Kerne, insofern bestätigt, als die Landschaft hier nicht durch reine fluviatile Formung entstanden ist. Junge Krustenbewegungen lassen sich auch an der verschiedenen Höhenlage der jungtertiären Flußablagerungen für den Bereich beiderseits der heutigen Wasserscheide nachweisen.

3. An der Moldau und an anderen Flüssen der Böhmischen Masse findet sich die auffällige Erscheinung, daß größere Talstücke mitten in den höchsten Teil der Landschaft eingeschnitten sind. Es scheinen hier Zusammenhänge zwischen Krustenbewegungen und Flußerosion in der Weise zu bestehen, daß durch die Erosionskerben der Flüsse nachträgliche Hebungen der Erdkruste entlang ihren Talkerben ausgelöst wurden.

4. Im Gegensatz zur Feldaistsenke ist die Maltschfurche ein Gebiet tektonischer Ruhe. Hier hat sich die fluviatile Ausgestaltung der Landschaft so gut wie ungestört vollziehen und ausgedehnte Verebnungen in 630, 550 und 480 m Höhe schaffen können. Namentlich die 550-m-Fläche stellt eine weite Fastebene dar. Auch im Maltschgebiet treten an mehreren Stellen Quarzschotter auf, die im südlichen Tal einem alten Maltschlauf entsprechen, nördlich von Kaplitz hingegen die Reste einer ehemals weit verbreiteten Schotterdecke darstellen. Die Schotter stehen in keinem Zusammenhang mit denen der Feldaistsenke, wie sich überhaupt die Entwicklung in den beiden Erdräumen seit jeher getrennt vollzogen hat, da sie immer durch eine Wasserscheide voneinander geschieden waren.

5. Am Südausgang der Feldaistsenke ist der Massivrand durch ein ganzes Netz sich kreuzender Brüche in einzelne Schollen und Becken aufgelöst worden. Der W-O streichende Bruch von Altaist

ist jünger als die großen von NW gegen SO ziehenden Verwerfungen. Die Beckenlandschaften sind durch miozäne Ablagerungen, hauptsächlich durch die untermiozänen Melker Sande ausgefüllt worden, die nördlich von Prägarten ihren nördlichsten Punkt erreichen.

6. Nach dem Rückzug des Meeres setzten sich die Flüsse des nördlich angrenzenden Granithochlandes auf den jungen Aufschüttungen gegen S zu fort. Mit der fortschreitenden Abtragung der wenig widerständigen Deckschichten kam das verschüttete alte Relief teilweise wieder zum Vorschein. Da die alten Granitschollen sich hauptsächlich NW-SO oder W-O erstrecken, die Flüsse jedoch einen nordsüdlichen Lauf eingeschlagen hatten, kam es bei der Wiederaufdeckung des Untergrundes zu zahlreichen epigenetischen Durchbrüchen. Im Bereich der Schollen gesellten sich neben die Formen des alten Reliefs die jungen Kerben der Durchbruchstäler.

Schluß.

Die vorliegende Abhandlung sollte neue Beobachtungen vermitteln, die geeignet sind, die mannigfaltigen Probleme der Landformung aufzuzeigen, die auch im anscheinend einförmigen Granithochlande des Mühlviertels vorhanden sind. Verschiedentlich dürften in ihr auch schon richtige Teillösungen für einige dieser Probleme erbracht worden sein. Bei anderen hingegen mußte auf eine Lösung oder sogar auf eine Behandlung verzichtet werden, weil dem Verfasser noch der hinreichende Einblick in die Dinge fehlte. Wie so häufig, bilden aber gerade die gegebenen Antworten auch hier die Grundlage für neue Fragen.

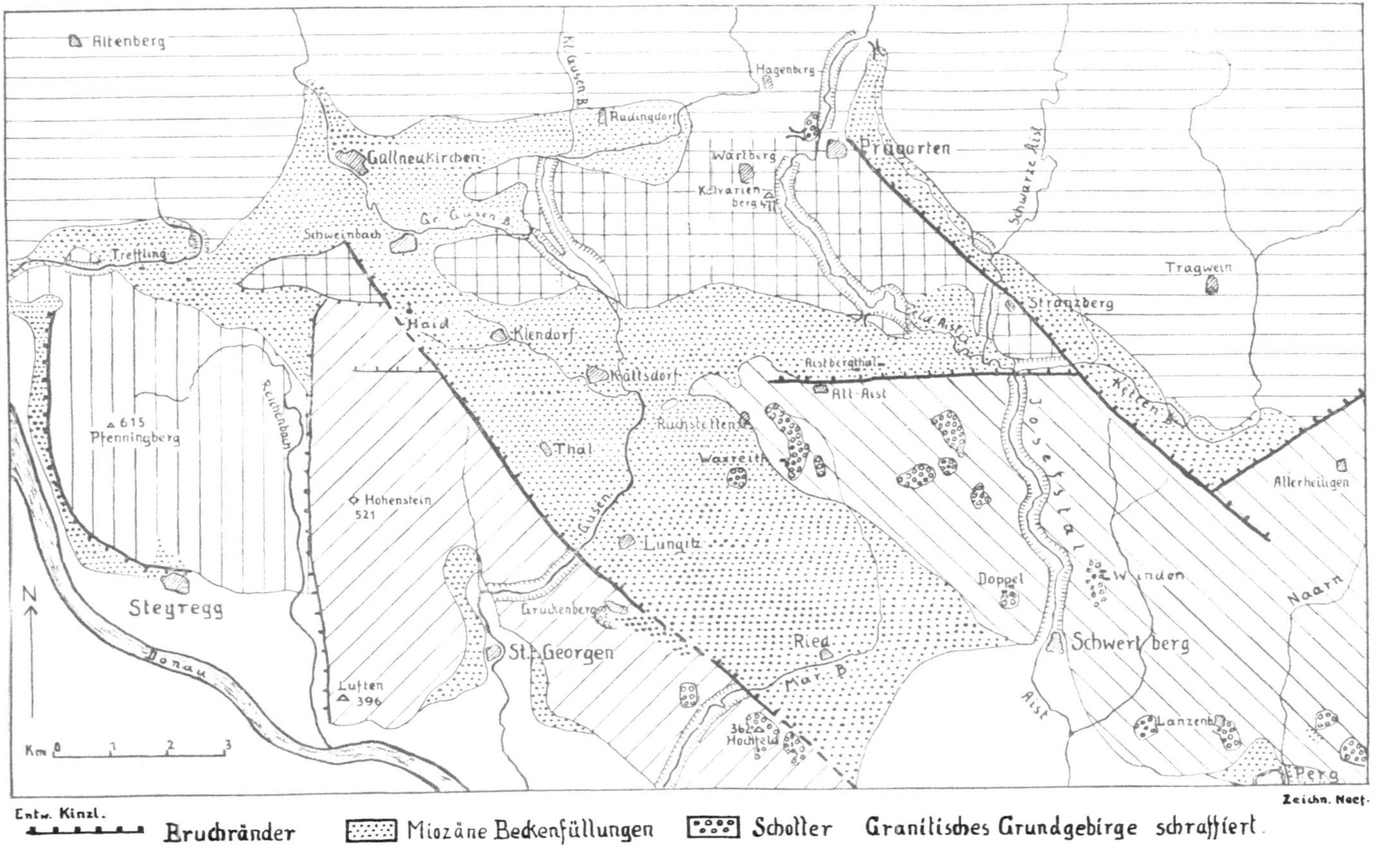

Morphologisches Kärtchen der Becken- und Schollenlandschaft am Südausgang der Feldaistsenke. Generalisierte und vereinfachte Darstellung der morphologischen Hauptzüge. Das geologische Bild weist eine viel größere Mannigfaltigkeit auf, sowohl hinsichtlich der Zusammensetzung des hier nur nach morphologischen Gesichtspunkten betrachteten Grundgebirges und der tertiären Ablagerungen selbst als auch bezüglich der oft sehr verwickelten Grenze beider. Die Durchbruchstalstrecken sind durch feine Schraffen angedeutet.

(Aufnahme H. KINZL.)

1. Bruchrand der Kettenbachsenke. Blick gegen SO von der Stranzberger Höhe aus. Der Kettenbach fließt aus der Bildmitte nach rechts in seinen Durchbruch hinein, durch den er der Aist zustrebt. Am Fuße des Steilabfalls, der bis in die Gegend südwestlich von Allerheiligen zu sehen ist, die sanfteren Formen im Bereich der Tertiärsande.

(Aufnahme H. KINZL.)

2. Blick von Hartl gegen N auf das Josefstal und das Bergland an der Schwarzen Aist im Hintergrund. V-förmig eingeschnittenes Durchbruchstal mit steilen, felsigen Hängen.

6. LIEPMANN, WILHELM. Leichengeburt bei Ichthyosauriern. Reichsmark 0.90
7. KLEBS, GEORG. Über die Längenperiode der Internodien. Reichsmark 2.40
8. JOST, L., u. v. UBISCH, G. Zur Windefrage. Reichsmark 0.80
9. SALOMON, WILHELM. Gibt es Gesteine, die für bestimmte Erdperioden charakteristisch sind? Reichsmark 0.30
10. ROESER, ERNST. Der reelle Übergang zwischen den beiden nichteuklidischen Geometrien und ihrem Parallelenbegriff. Reichsmark 1.20
11. SALOMON, WILHELM. Kugelförmige Absonderung. Reichsmark 0.80
12. SALOMON. Felsenmeere und Blockstreuungen. Reichsmark 0.80
13. SALOMON. Die Gruppendefinitionen in der Paläontologie. Reichsmark 0.90

Jahrgang 1927.

1. LOEWY, ALFRED. Neue elementare Begründung und Erweiterung der Galoisschen Theorie. Reichsmark 1.60
2. LIEBMANN, HEINRICH. Rhombische Geradennetze im Raum. Reichsmark 1.—
3. VOLK, OTTO. Über geodätische Dreiecknetze auf Flächen konstanten Krümmungsmaßes. Reichsmark 1.80
4. PÜTTER, A. Chemische Reizwirkung und Giftwirkung. Mit einem mathematischen Anhang: Ein Diffusionsproblem von E. TREFFTZ. Reichsmark 2.40
5. REMBS, EDUARD. Die Verbiegung des verlängerten Rotationsellipsoids. Reichsmark 1.60
6. MAYER, ADOLF. Naturwissenschaftliche Ästhetik. Reichsmark 0.90
7. MAYER, ADOLF. Naturwissenschaftliche Volkswirtschaftslehre. Reichsm. 0.80
8. BAER, R., KAPFERER, H., KRULL, W., SCHMIDT, F. K. Beiträge zur Algebra. Nr. 5—10. Reichsmark 6.20
9. MÜLLER, MAX. Über die Eindeutigkeit der Integrale eines Systems gewöhnlicher Differentialgleichungen und die Konvergenz einer Gattung von Verfahren zur Approximation dieser Integrale. Reichsmark 2.50
10. FREUDENBERG, KARL. Intramolekulare Umlagerung optisch-aktiver Systeme. Reichsmark 1.–
11. ROESER, ERNST. Abbildung der hyperbolischen Ebene auf die Kugel mittels der Beziehung zwischen Lot und Parallelwinkel. Reichsmark 1.—
12. RÜGER, L. Die direkte gebirgsgetreue Übertragung der auf dem Universaldrehtisch gewonnenen Messungsergebnisse gebirgsorientierter Schliffe in das Diagramm. Reichsmark 1.20
13. JOST, L. Elektrische Potentialdifferenzen an der Einzelzelle. Reichsmark 1.90

Jahrgang 1928.

1. RÜGER, L. Einige Bemerkungen zur Darstellung tektonischer Elemente, insbesondere von Klüften und Harnischen. Reichsmark 1.20
2. HERBST, CURT. Untersuchungen zur Bestimmung des Geschlechts. Ein neuer Weg zur Lösung des Geschlechtsbestimmungsproblems bei Bonellia viridis. Reichsmark 1.50
3. MERTON, HUGO. Untersuchungen über die Entstehung amöbenähnlicher Zellen aus absterbenden Infusorien. Reichsmark 2.20
4. BAER, REINHOLD. Zur Einordnung der Theorie der Mischgruppen in die Gruppentheorie. Reichsmark 2.20
5. BAER, REINHOLD. Über die Zerlegungen einer Mischgruppe nach einer Untermischgruppe. Reichsmark 1.50
6. ROESER, ERNST. Komplementäre Körper der beiden nichteuklidischen Geometrien. Reichsmark 1.—
7. KRULL, WOLFGANG. Primidealketten in allgemeinen Ringbereichen. Reichsmark 1.10
8. SALOMON, WILHELM. Geologische Beobachtungen des Leonardo da Vinci. Reichsmark 0.90
9. LIEBMANN, HEINRICH. Die Sätze von Lie und Gambier über Kurven eines Linienkomplexes. Reichsmark 0.90
10. MERZ, K. W. Über den Wirkungsantagonismus von Blutkörperchen und Serum bei chemisch faßbaren biologischen Vorgängen. Reichsmark 1.20
11. MÜHLBACH, R. Über Raumkurven in der Möbiusschen Geometrie. Reichsmark 1.20
12. ERNST, PAUL. Wurzeln der Medizin. Reichsmark 1.50
13. MAYER, ADOLF. Naturwissenschaftliche Apologetik des Christentums. Reichsmark 1.60

14. Baer, Reinhold. Beiträge zur Galoisschen Theorie. Reichsmark 1.80
15. Salomon, Wilhelm. Neue geologische Beobachtungen im Baitonegebiet des Adamello. Reichsmark 0.90
16. Erdmannsdörffer, O. H. Über Disthen-Andalusitparagenesen. Reichsm. 1.20
17. Schneidt, Max. Kurvennetze ohne Umwege. Reichsmark 1.30
18. Bopp, K. J. H. Lamberts und A. G. Kaestners Briefe, aus den Gothaer Manuskripten herausgegeben. Reichsmark 2.20
19. Freudenberg, K. Zur Kenntnis des Fichtenholz-Lignins. Reichsmark 1.10

Jahrgang 1929.

1. Volk, Otto. Über Flächen mit geodätischen Dreiecksnetzen. Reichsm. 2.50
2. Schmidt, F. K., Krull, W., Breuer, S. Beiträge zur Algebra. Nr. 11—13. Reichsmark 1.80
3. Hieber, W., Zur Kenntnis der chemischen Reaktionen des Eisencarbonyls. Reichsmark 0.90
4. Salomon, Wilhelm. Gletscherbeobachtungen am Vadret Lischanna (Unterengadin). Reichsmark 1.—
5. Salomon, Wilhelm. Arktische Bodenformen in den Alpen. Reichsmark 2.50
6. Müller, Max. Über die Greensche Funktion des Laplaceschen Differentialausdruckes. Reichsmark 1.50
7. Rüger, L. Machairodus latidens Owen aus den altdiluvialen Sanden von Mauer a. d. Elsenz. Reichsmark 0.90
8. Lenard, P. Über Energie und Gravitation. Reichsmark 1.90
9. Deecke, W. Zur Entstehung der Kare. Reichsmark 0.80
10. Roeser, E. Neue Sätze über sphärische und hyperbolische Fünfecke. Reichsmark 1.–
11. Baldus, R. Über Eulers Dreieckssatz in der absoluten Geometrie. Reichsmark 1.–
12. Trautz, M. Die Reibung, Wärmeleitung und Diffusion in Gasmischungen. II. Reichsmark 2.80
13. Sander, B., u. Felkel, E. Zur tektonischen Analyse von Schmelztektoniten. Reichsmark 2.50
14. Scholz, Arnold. Beiträge zur Algebra. Nr. 14. Reichsmark 1.20
15. Baer, Reinhold. Beziehungen zwischen den Grundbegriffen der Topologie. Reichsmark 1.60
16. Herbst, Curt. Untersuchungen zur Bestimmung des Geschlechts. Weitere Experimente über die Vermännlichung indifferenter Bonellia-Larven durch künstliche Mittel. Reichsmark 3.—
17. Erdmannsdörffer, O. H. Über Alkalihornblenden aus dem Radautal. Reichsmark 0.80
18. Gruber, Friedrich. Neuer Beweis des Transversalensatzes in der absoluten Geometrie. Reichsmark 0.80
19. Rosenthal, A. Über die Existenz der Lösungen von Systemen gewöhnlicher Differentialgleichungen. Reichsmark 1.20

Jahrgang 1930.

1. Gottfried, C. Über kontaktmetamorphe Gesteine des Baitonegebietes in der Adamellogruppe (Italien). Reichsmark 1.—
2. Rüger, L. Über einen Granulit mit „Sekundärschieferung" von Auerswalde i. S. Reichsmark 1.50
3. Beiträge zur Algebra Nr. 15—17: a) Kapferer, Heinr. Über Schnittpunktsysteme mit vorgeschriebenen Multiplizitätszahlen. b) Kapferer, Heinr. Eine idealtheoretische Lösung des Cramerschen Paradoxons, die jeden singularen Fall umfaßt. c) Scholz, Arnold. Über das Verhältnis von Idealklassen und Einheitengruppen in Abelschen Körpern von Primzahlpotenzgrad. Reichsmark 3.20
4. Kinzl, Hans. Flußgeschichtliche und geomorphologische Untersuchungen über die Feldaistsenke im oberösterreichischen Mühlviertel und die angrenzenden Teile Südböhmens. Reichsmark 3.20

Druck von R. Wagner Sohn in Weimar.

FSC
www.fsc.org
MIX
Papier | Fördert gute Waldnutzung
FSC® C083411

Zeitfracht Medien GmbH
Ferdinand-Jühlke-Straße 7
99095 Erfurt, Deutschland
produktsicherheit@kolibri360.de